兽医临床诊疗
实习实训指导

主 编 贺绍君

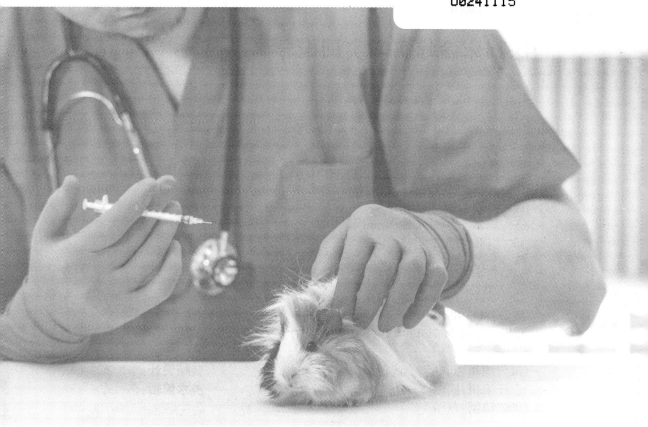

北京师范大学出版集团
BEIJING NORMAL UNIVERSITY PUBLISHING GROUP
安徽大学出版社

图书在版编目(CIP)数据

兽医临床诊疗实习实训指导/贺绍君主编. —合肥:安徽大学出版社,2019.2

ISBN 978-7-5664-1808-1

Ⅰ.①兽… Ⅱ.①贺… Ⅲ.①兽医学－诊疗－教育实习－高等学校－教学参考资料 Ⅳ.①S854－45

中国版本图书馆 CIP 数据核字(2019)第 050901 号

兽医临床诊疗实习实训指导

贺绍君 主编

出版发行:北京师范大学出版集团
安 徽 大 学 出 版 社
(安徽省合肥市肥西路 3 号 邮编 230039)
www.bnupg.com.cn
www.ahupress.com.cn

印　刷:安徽省人民印刷有限公司
经　销:全国新华书店
开　本:184mm×260mm
印　张:12.25
字　数:224 千字
版　次:2019 年 2 月第 1 版
印　次:2019 年 2 月第 1 次印刷
定　价:36.00 元

ISBN 978-7-5664-1808-1

策划编辑:刘中飞　武溪溪　　　　　装帧设计:李　军
责任编辑:武溪溪　　　　　　　　　美术编辑:李　军
责任印制:赵明炎

本书编委会

主　编　贺绍君
副主编　刘德义　李　静
编　者　（按姓氏笔画排序）

丁祖怀　宁康健　刘德义　李　静
李宝春　李新锋　宋学成　陈会良
贺绍君　胡倩倩　唐义国　蒋书东
韩春杨　路振香　熊永洁

前　言

　　高等院校学生参加实习实训是培养高素质、高技能应用型人才的重要环节，是提升学生就业能力的有效途径。通过真实工作环境的实习实训，让学生接受真正的职业训练，一方面帮助其提高理论联系实际的能力，另一方面促使其熟悉自己所要从事职业的工作氛围，自觉形成良好的职业素养，为实现毕业与就业的顺利过渡奠定良好基础。

　　实用的综合实习实训指导是高校兽医相关专业综合实习实训的重要保证。目前以课程为基础的实验、实习指导满足不了学生临床实习的综合能力提升的需要。本书为高年级学生综合实习实训提供了系统、全面的帮助和引导。编者编写时注重理论联系实际，突出临床实用性。全书主要内容包括临床基本检查，动物剖检技术，微生物检验技术，血、粪、尿、皮肤检查，临床常用药物及使用方法，畜禽投药方法和注射技术等。使用本书的指导教师在开展实践教学时，可结合本实习实训指导内容，注重引导学生正确对待实习实训，使学生能够通过自身努力完成各项实习实训任务，并引导学生养成边实践、边总结的良好习惯，促进学生实践创新能力的培养；通过实训中学习、学习中实训，引导学生在提高职业技能的同时，不断提升其综合能力。

　　本书的出版得到了安徽科技学院的资助，在此表示衷心的感谢。本书可作为高校兽医相关专业学生的实习实训教材，也可作为兽医临床诊疗人员的参考用书。对本书内容的不当或错漏之处，热忱欢迎广大读者批评指正。

编　者
2019 年 1 月

目　录

第1章 临床基本检查

1.1 整体及一般检查

兽医临床诊断实施过程中,首先需要通过整体及一般检查,对疾病的基本情况有一个了解,以便提供诊疗方向,从而更加深入和具体地开展相关系统的疾病诊断工作。其检查的内容包括动物整体状态、表被状态、眼结合膜、浅在淋巴结及淋巴,以及体温、脉搏与呼吸数等。相应地,每一个检查内容都需要借助不同的检查技术和手段,才能得到客观全面的检查结果,否则就会造成漏诊、误诊现象。

上述检查中,整体状态是指畜禽的相貌和全身状态。健康畜禽应表现为被毛光泽、肌肉发达匀称、精神气足,如两眼有神,耳尾灵活,四肢动作轻捷有力。临床病例检查时,主要关注患病动物的体格发育、营养程度、精神状态、姿势与体态、运动与行为等。

1.1.1 体格发育的检查

1.1.1.1 体格检查

主要通过视诊的方法进行体格检查。主要判定标准是骨骼、肌肉的发育程度。检查结果主要分为三种类型。

(1)强壮 体躯符合各品种动物不同年龄的体格大小标准。强壮型体格表现为结构匀称,肌肉结实,胸廓宽深,强壮有力,无臃肿笨拙体态,无异常行为,其余各体征表现优良。强壮型动物的生产性能好,对疾病的抵抗力强,患病时治疗效果相对较好。

(2)纤弱 纤弱型体格表现为体躯矮小,虚弱无力,体长而扁,肢长而细,发育迟缓或发育停滞,给人以纤弱无力的感觉。

(3)中等 中等体格介于强壮型与纤弱型体格之间。

1.1.1.2 发育检查

发育分为良好、不良和一般三种类型。发育良好的家畜表现为体格强壮;发育不良的家畜表现为体格纤弱;发育一般的家畜表现为中等体格。

1.1.1.3 躯体结构的改变及临床意义

躯体结构明显改变,常提示某些疾病的特征。如幼畜头大颈粗、关节肿大、肢体弯曲或脊柱凸凹等,见于佝偻病。牛左腹肋胀满见于瘤胃鼓胀。鸭头颈肿粗见于鸭瘟(俗称大头瘟)。鸡肉髯和眼睑水肿见于传染性鼻炎。动物头部颜面歪斜是神经麻痹的特征等。

1.1.2　营养程度的检查

营养程度代表体内物质代谢水平,主要以肌肉的丰满程度,特别是皮下脂肪的蓄积量来判断。皮肤、被毛的状态也可作为参考。营养程度一般分为四级。

(1)营养良好　表现为肌肉、皮下脂肪丰满,轮廓丰圆,骨不显露,被毛光滑,皮肤弹性好;家禽胸肌发达。

(2)营养中等　介于营养良好和营养不良之间。

(3)营养过肥　即有肥胖趋势,多由运动不足及谷类(含糖)饲料饲喂过多所致,在猪为生理现象,在犬可能为病态。

(4)营养不良　表现为骨骼显露、肋骨可数、轮廓多角多棱、皮肤干燥、缺乏弹力、被毛粗糙蓬松、缺乏光泽等。消瘦是营养不良的主要表现,是临床常见的症状。急剧消瘦见于高热性传染病及剧烈腹泻等;缓慢消瘦见于长期饲料不足及慢性消耗性疾病,如牛结核、猪慢性副伤寒、家禽的肠道寄生虫病等;过度消瘦并伴有贫血的,称为恶病质,见于恶性肿瘤等,常预后不良。

1.1.3　精神状态的检查

精神状态是中枢神经系统活动的反映。精神状态正常时,中枢神经系统的兴奋与抑制两个过程保持着动态平衡。动物在静止间较安静,行动较灵活,对各种刺激较敏感。精神状态好时,主要表现为头耳灵活、眼光明亮、反应迅速、行动敏捷、毛羽平顺并有光泽。幼畜和畜禽活泼好动,甚至对周围的事物有好奇感。

1.1.3.1　精神异常

精神异常主要表现为兴奋或抑制。

(1)精神兴奋　精神兴奋是家畜中枢机能亢进,对外界刺激反应过强的结果。精神兴奋主要表现为惊恐不安、狂躁不驯、挣扎脱缰、攀登饲槽、暴进暴退、转圈、怒目凝视,甚至嚎叫、攻击人畜等。精神兴奋多见于脑及脑膜充血、炎症、颅内压升高、代谢障碍,以及各种中毒病、各型流行性脑脊髓炎、猪食盐中毒及狂犬病等。

(2)精神抑制　表现为对外界刺激反应减弱或无反应。根据抑制的程度分为:

①沉郁。沉郁是轻度的抑制现象。临床工作者往往把沉郁分别以欠佳、不振和沉郁等加以描述。沉郁表现为离群呆立、萎靡不振、头低耳耷、反应迟钝、眼半闭或全闭、行动无力等。但患畜对外界刺激,如有人接近或检查时,尚易作出有意识的反应。

②嗜睡。嗜睡为中度抑制现象。动物重度萎靡,表现为闭眼似睡或站立不

动,或卧地不起,对强刺激仅能引起弱反应。

③昏迷。昏迷是重度的意识障碍,表现为卧地不起、呼唤不应、全身肌肉松弛、对强刺激无反应、大小便失禁,常预后不良。

1.1.3.2　兴奋与抑制的关系

兴奋与抑制是精神状态异常的两种表现形式,在疾病过程中,常随着病情的发展而有一定程度的改变。有的表现为由最初的兴奋不安逐渐变为高度狂躁(如狂犬病),有的表现为由轻度的沉郁逐渐呈嗜睡乃至昏迷状态(如脑炎后期),而有的则表现为兴奋与抑制交替出现(如酮病)。

1.1.4　姿势与体态

姿势与体态是指动物在相对静止间或运动过程中的空间位置及其姿态表现。健康家畜都具有一定的姿势特征。而异常姿势有以下几种。

1.1.4.1　站立不稳

如两前肢或两后肢频频交替负重,可见于骨软症。若站立时重心前移,则见于后肢疼痛;若重心后移,则见于前肢疼痛。如前肢刨地,后肢蹴腹,或回顾腹部或起卧滚转等,多见于胃肠性腹痛病。频作排尿姿势,但无尿排出,见于尿道阻塞等。患鸭疫里氏杆菌病(鸭传染性浆膜炎)时,表现为头颈震颤、角弓反张、尾部轻轻摇摆等。鸡维生素 B_1 缺乏、呋喃类药物中毒及新城疫后遗症时也有站立不稳现象。

1.1.4.2　强迫站立

由于存在病理过程,有些病畜常被迫保持一定的站立姿势,如患破伤风的猪表现为肌肉强直和耳竖尾翘。又如患胸膜炎的病畜,由于胸部疼痛及避免渗出液压迫心肺,多采取站立姿势而不愿卧下。

1.1.4.3　站立异常

当家畜咽喉部或其周围组织高度肿胀,发炎并伴有重度呼吸困难时,常呈现前肢叉开、头颈平伸的站立姿势;牛、羊患脑包虫病或仔猪患伪狂犬病时呈头颈歪斜姿势;牛患创伤性网胃心包炎时,常呈前高后低或肘头外展的站立姿势。

1.1.4.4　强迫躺卧

强迫躺卧见于四肢肌肉、骨骼和关节的带痛性疾病,也见于某些代谢病(如生产瘫痪、酮病等)、脑与脑膜的重度疾病、中毒或某些传染病的后期及机体高度瘦弱、衰竭等。

上述强迫躺卧的病畜,多数四肢尚保存有活动功能;当被吆喝、驱赶时,可勉强起立,但不能持久,家畜表现为痛苦、呻吟、站立困难状,甚至伴有全身肌肉震颤。

鸡马立克病(Marek's disease,MD)后期,鸡两腿常呈劈叉姿势。鸭瘟和小鹅瘟后期,患禽常因两腿麻痹而呈强迫躺卧姿势。此外,牛营养性衰竭症、锥虫病、雏鸭绦虫病和低血钾症等时,常见四肢突然瘫痪。

1.1.5　运动与行为

运动与行为的异常表现为以下方面。

1.1.5.1　共济失调

共济失调是指动物在站立或运步时四肢活动不协调。共济失调多为疾病侵害小脑的标志。它分为以下两种情况。

(1)体位平衡失调　呈醉酒状,行走欲跌,体躯左右摇摆或偏向一侧,四肢广开踏地,力图保持平衡(如患雏鸭病毒性肝炎时)。

(2)体位运动失调　表现为举步笨拙,肢蹄高抬,用力着地呈涉水样步态。

1.1.5.2　强迫运动

(1)盲目运动　走路时对外界刺激缺乏反应,不注意障碍物,如牛吃黄豆过量中毒时。

(2)转圈运动　即沿一定方向做圆圈运动或以一肢为轴旋转。如患雏鸭病毒性肝炎时,患禽往往侧卧,两脚反复踢蹬,在地上旋转。家畜脑炎、牛羊脑包虫病、鸡新城疫后期、鹅延脑因采血受损(人耳咽管发炎)等时,均有转圈的可能。

(3)暴进暴退　病畜突然向前猛进,且不可抑制,或连续后退,甚至倒地,见于猪食盐中毒、癫痫病等。

(4)滚转运动　病畜向一侧冲挤、倾倒,强制卧于一侧;或循身体长轴向一侧打滚,称为滚转运动,常提示小脑脚周围和听神经的病变。临床上要与正常的滚转相区别。

1.1.5.3　骚动不安

骚动不安见于家畜的腹痛病,如前肢刨地、后肢踢腹、押腰、摇摆、回顾腹部、碎步急行、时时欲卧、起卧滚转、仰足朝天等。牛在兴奋、嚎叫的同时,屡做后肢踢腹动作,或时而浑身颤抖,表示腹部剧痛,可见于肠套叠、扭转等。

鸡患传染性鼻炎、雏鹅患小鹅瘟时,常见摆头症状(主要用此动作排除鼻腔分泌物);小鹅瘟时往往见到雏鹅背部有斑斑湿毛(因无汗腺,故并非是汗);禽圆线虫(寄生于鸡、鹅、野禽气管)病时,偶可甩出 1~2 条虫体(雄虫长 2~4.08 mm,雌虫长 9~26 mm)。

1.1.5.4　跛行

由肢蹄带痛性疾病引起的运动机能障碍称为跛行,它有三种类型。

(1)支跛(敢抬不敢踏)　在患肢着地、负重时,因疼痛而表现有变化的称为支跛。支跛见于蹄底或蹄部的病变。

(2)悬跛(敢踏不敢抬)　当患肢提举时有障碍的称为悬跛。悬跛见于上肢的骨骼、关节、肌腱等疼痛。

(3)混合跛　支跛和悬跛兼有的称为混合跛。多肢的转移性跛行,且运动后逐渐减轻者见于风湿症;而运动后逐渐加重者,见于骨软症、肢蹄扭伤等。

1.1.6　表被状态的检查

检查表被状态,主要应注意其被毛、皮肤、皮下组织的变化以及表在的外科病变,这些在诊断疾病上甚为重要。

1.1.6.1　被毛及羽毛

(1)禽类　健康家禽的羽毛光泽、美丽。在患各种疾病过程中(如发热、机体衰弱等),家禽羽毛粗乱、蓬松,两翅下垂;患鸡球虫病时,肛门周围羽毛污秽不洁,往往有血便污染;患小鹅瘟时,往往见雏鹅背上有斑斑湿毛。

(2)家畜　换毛延迟,见于多种慢性病及严重的急性病后尚未康复时;非换毛期的点状或块状脱毛是病理现象,成片的脱毛为极度营养缺乏症、内寄生虫病、螨病及湿疹的特征。此外,具有一定范围的圆形脱毛(牛、兔在面部),见于葡行疹(又称秃毛癣,由癣霉菌所致)。局部被毛变白,多为局部皮肤机械性损伤的结果;尾部及后肢被毛被粪便污染,是下痢的标志;还应注意外寄生虫病等。

1.1.6.2　皮肤的检查

皮肤的检查是指检查皮肤的温度、湿度、弹力、颜色、肿胀、气味、疹疱创伤与溃疡等。

(1)皮肤温度(简称皮温)　可用手掌或手背检查皮温。为判定皮温的均匀性,可触诊角根、耳根及四肢末梢部位。皮肤各处因血管网分布及散热量不同,故温度也不同。健康家畜的皮温以股内侧为最高,头颈、躯干部次之,而尾及四肢部最低。胸壁的温度约为 35 ℃,系凹部的温度约为 14 ℃。长毛覆盖处的皮温较裸露部高,但唇、耳、鼻和角根则常温热。家畜兴奋或天气热时,常见皮温增高,寒冷时则皮温降低。病理情况下,皮温可增高、降低或分布不均。

①全身性皮温增高,见于热性病、中毒等。

②局部性皮温增高,见于局部皮炎、蜂窝织炎及咽炎等。

③皮温降低。皮温降低由皮肤血液灌注不足所致,常见于大失血、高度心衰及休克等。

④皮温分布不均。皮温分布不均又称皮温不整,由皮肤血液循环不良所致,如一耳热、一耳冷,或同一耳时热时冷,见于发热初期和胃肠性腹痛病末期等。

(2)皮肤湿度　健康动物在安静状态下,汗随出随蒸发,皮肤不湿不干而有黏腻感。发汗增多,除因气温过高、湿度过大、运动使役及惊恐紧张等外,多属病理现象,如高热性传染病、中暑、高度呼吸困难等。

①发汗增多。其特征是被毛潮湿。冷汗淋漓、四肢发凉常提示胃肠或膈破裂,为预后不良之征。局部性多汗多由于局部病变或神经机能失调所致。

②发汗减少。其特征是皮肤干燥,缺乏黏腻感和失去汗臭味。发汗减少多由体液丧失过多所致,如剧泻和呕吐等。老龄瘦弱的家畜发汗也少。

此外,反刍兽(牛、羊、鹿、驼等)的鼻镜、猪的鼻盘及犬的鼻端因有腺体分泌物,故经常保持湿润,并有光泽感。在热性病及重度消化障碍时,鼻部干燥,甚至龟裂。

(3)皮肤弹力　检查大动物的皮肤弹力在颈侧、肩前等部位,检查小动物的皮肤弹力则在背部或胸腹侧。检查时将皮肤捏成皱褶,然后放开,观察皮肤恢复原状的快慢。若皮肤弹力良好,则立即恢复原状;若皮肤弹力减退,则不易恢复原状。

当动物营养障碍、大失血、严重脱水、患皮肤慢性炎症及老龄化等时,皮肤弹力减退。皮肤弹力减退常被作为判定脱水的指标之一。

(4)皮肤颜色　皮肤颜色一般能反映出动物血液循环系统的机能状态及血液成分的变化。健康畜禽(如白猪、绵羊、白兔及禽类)的皮肤没有色素,呈粉红色,容易检查出皮肤颜色发生的细微变化。马、牛及山羊(白色除外)等的皮肤具有色素,辨认色彩的变化较为困难,应参照可视黏膜的颜色变化进行检查。白色皮肤家畜的皮色改变可表现为苍白、潮红、黄染、发绀和出血斑点等(其临床意义与黏膜相同)。

(5)皮肤肿胀　皮肤肿胀由多种原因引起,检查时应注意其大小、形态、硬度、温度、可移动性及敏感性等。

①炎性肿胀。炎性肿胀可以局部或大面积出现,伴有病变部位的热、痛及机能障碍,严重时还有明显的全身反应,如原发性蜂窝织炎。

②皮下水肿。皮下水肿由机体水代谢障碍,在皮下组织的细胞及组织间隙内潴留过多液体所致。水肿部位的特征是:皮肤表面光滑,紧张而有冷感,弹性减退,指压留痕,呈捏粉样,无痛感,肿胀界限多不明显。从临床角度看,要考虑为营养性水肿、心性水肿和肾性水肿等。

③皮下气肿。皮下气肿由空气或其他气体积聚于皮下组织内所致。其特点是:肿胀界限不明显,触压时柔软而容易变形,并可感觉到由于气泡破裂和移动而产生的捻发音。皮下气肿分为以下两种。

a.窜入性气肿。体表皮肤移动性较大的部位(如腋窝、肘后及肩胛附近等)发生创伤时,由于动物体运动,创口一张一合,空气被吸入皮下,然后扩散到周围组织并窜入皮下组织内,引起颈侧皮下气肿。

b. 腐败性气肿。腐败性气肿由厌气性细菌感染,局部组织腐败分解而产生的气体积聚于皮下组织所致。

④脓肿、血肿和淋巴外渗。脓肿、血肿和淋巴外渗均属于动物皮下结缔组织的非开放性损伤,其共同特点是:皮肤及皮下组织呈局限性(多为圆形)肿胀,触诊有明显的波动感。

⑤象皮肿。皮肤和皮下组织患进行性慢性炎症,加上淋巴的淤滞,引起该部位组织呈现弥散性肥厚而变硬结的状态。象皮肿的特征是:皮肤及皮下组织增厚而紧密愈着在一起,缺乏移动性,失去痛觉,肿胀的皮肤变得坚实,不能捏成皱褶,肿胀蔓延较宽阔。象皮肿常发生在四肢,患部变粗,形如象腿。

⑥疝和肿瘤。疝是指肠管同腹膜一起,从腹腔垂脱到皮下或其他生理乃至病理性腔穴内而形成的凸出的肿物。疝常见于腹壁、脐部及阴囊部。肿瘤是在动物肌体上发生异常生长的新生细胞群,其形状多种多样,有结节状、乳头状、息肉状及囊状等。

(6)皮肤气味　健康家畜的皮肤气味因动物种类不同而不同。在病理情况下,皮肤可发生特殊的气味,当膀胱破裂、患尿毒症时,皮肤发尿臭味;当皮肤发生坏疽时,有尸臭味;当牛患酮病时,皮肤发烂苹果味。

(7)皮肤疹疱　皮肤疹疱常是许多疾病的早期征候,多由传染病、中毒病、皮肤病及过敏反应引起。

①斑疹。斑疹由皮肤充血和出血所致,只有局部变红,并不隆起。用手指压迫红色即退的斑疹,称为红斑,见于猪丹毒。密集的小点状红疹在指压时红色不退,见于猪瘟和出血性疾病。

②丘疹。丘疹是皮肤[具有表皮(包括角质层和生发层)和真皮(包括乳头层、网状层和皮下组织等)]乳头层发生浆液性浸润,而形成的界限分明、小米粒至豌豆大小的隆起,呈圆形,突出于皮肤表面。丘疹见于被吸血昆虫叮咬的动物及某些过敏性皮肤病。

③痘疹。痘疹是动物痘病毒侵害皮肤细胞而形成的结节状肿物。痘疹的共同特征是:呈典型的分期经过,一般经由红斑、丘疹、水泡、脓泡,终而结痂。痘疹见于猪、鸡、牛和羊的痘病。

④水泡与脓泡。水泡多呈豌豆大小,内含透明浆液性液体,颜色由内容物而定,有淡黄色、淡红色或褐色等。如猪患传染性水泡病或偶蹄兽患口蹄疫时,其口、鼻及其周围,以及蹄趾部的皮肤上,呈现典型的小水泡,并具有流线性的特点。水泡内容物化脓,疱壁由于内容物的性状不同,而变为白色、黄色、黄绿色或黄红色,称为脓疱,脓疱见于痘疱、口蹄疫、犬瘟热等。

⑤荨麻疹(又称风疹块)。荨麻疹由皮肤的生发层和乳头层发生浆液性浸润而引起。动物体表突然出现许多圆形或椭圆形、蚕豆或核桃大小、表面平坦的隆起。这种疹块发展快,消失也快,并常伴有皮肤瘙痒。荨麻疹见于吸血昆虫刺蛰、有毒植物或饲料中毒、药物过敏、猪丹毒、痘疱及某些寄生虫病(马媾疫)等。

(8)皮肤创伤与溃疡　皮肤创伤与溃疡主要见于某些传染病和外科病,分为以下三种。

①溃疡。溃疡由机械性压迫、化学制剂的腐蚀溶解、循环障碍、炎症等因素所致,先引起组织坏死,进而使组织进一步剥离或溶解,形成组织的缺损状态。其特征是溃疡边缘界限清楚,表面污秽不洁,并伴有恶臭,见于创伤、传染病(马鼻疽)及皮肤病等。

②褥疮。在骨骼的体表突出部位,因长期躺卧而受压迫,造成血液循环障碍,使这些部位的皮下组织坏死溃烂,称为褥疮。

③斑痕。皮肤及其深层组织因创伤或炎症而受到损害,经结缔组织增生、修复后留下的痕迹,称为斑痕。斑痕的特征是:一般表面平滑,大小不等,隆起或凹陷,缺乏被毛、汗腺和脂腺。

1.1.7　眼结膜的检查

眼结膜是可视黏膜(凡肉眼能看到或借助简单器械可观察到的黏膜,均称为可视黏膜,如眼结膜、鼻腔、口腔、阴道等部位的黏膜)的一部分,其颜色变化除可反映局部的病变外,还可据此推断全身的循环状态及某些血液成分的改变。另外,黏膜的检查还可补充皮肤检查的不足,特别是当皮肤有色素时,视诊皮肤不能判断其颜色变化,此时通过视诊黏膜即可得到重要的结果。因此,眼结膜检查在诊断和预后的判定上都有一定意义。

在检查眼结膜时,应注意眼的分泌物和眼睑状态,结膜的颜色以及角膜、巩膜和瞳孔、眼球的情况等。

1.1.7.1　检查方法与正常颜色

(1)牛、马等大动物的眼结膜检查法　一手握住笼头(或鼻绳),另一手的食指第一指节背侧置于上眼睑中央或中后三分之一边缘处,轻轻翻转,伸直并向内眼角稍加按压,同时拇指将下眼睑拨开,结膜和瞬膜即露出。检查牛的巩膜可用两手握角法。

(2)其他动物的眼结膜检查法　检查猪、羊、鹿、犬等中小动物的眼结膜,并无固定的方法,将上下眼睑拨开进行检查即可。操作时应将动物保定好,以防被咬伤。

检查眼结膜时,宜在自然光线下进行,以便于准确判定眼结膜的颜色。检查时,应对两眼进行比较,必要时还可与其他部位的可视黏膜进行对照。

(3)正常颜色　健康动物的眼结膜多呈粉红色,水牛的眼结膜色泽较深。马的眼结膜为淡玫瑰色,牛的眼结膜呈淡而无光的红色。检查眼黏膜时,须检查两侧,以作对照。

1.1.7.2　眼结膜的病理变化

(1)眼睑及分泌物。

①眼睑肿胀并伴有畏光流泪,是眼炎或结膜炎的特征,见于猪流感和溶血性链球菌病(两者除有结膜炎症外,还有皮肤痛觉过敏和触之尖叫等症状),也见于鸡的传染性鼻炎等。

②眼睛有大量浆液性分泌物,是轻度结膜炎的特征,可见于流感。

③黄色黏稠性眼屎是化脓性结膜炎的标志,常见于某些热性病。

④仔猪头部及眼睑水肿,见于猪水肿病(属大肠杆菌病,发病率不高,但死亡率极高)。

(2)眼结膜的颜色变化。

①潮红。潮红是结膜下毛细血管充血的特征,见于结膜炎、热性病、脑炎、心脏病和氢氰酸中毒等。结膜潮红除见于局部炎症外,多为全身血液循环障碍的表现。结膜弥漫性潮红见于多种急性传染病和胃肠道炎症等,是由血管运动中枢机能紊乱及外周血管扩张所致的。在结膜弥漫性潮红的基础上,伴有小血管高度充血的,称为树枝状充血,常见于脑炎和心脏病。氢氰酸中毒时,呼吸困难,但眼结膜呈鲜红色。

②苍白。苍白是各型各类贫血的临床表现。眼结膜颜色变淡,呈红白色、灰白色或瓷白色、黄白色等。急速发生苍白的,见于慢性消耗性疾病,如结核病和肠道寄生虫病等。眼结膜苍白还见于末梢血管痉挛(如惊恐、受寒冷刺激等)、休克等。

③发绀。发绀即结膜呈蓝紫色,是血氧不足、还原型血红蛋白过多或体内形成大量变性血红蛋白的结果。

a.血氧不足。因高度吸入性呼吸困难(见于上呼吸道狭窄,如喉炎、气管炎等)或肺呼吸面积显著减少(见于各型肺炎),引起动脉血氧不饱和度增加,即肺部氧合作用不足。

b.还原型血红蛋白过多。血液在外周血管中发生淤滞(心衰),或因休克、心输出量减少、外周循环缺血等,可使过量的血红蛋白(在血液流经毛细血管时)被还原,引起结膜发绀。

c.体内形成大量变性血红蛋白。在亚硝酸盐中毒时,由于血红蛋白被转化为变性血红蛋白(把血红蛋白中的 Fe^{2+} 氧化成 Fe^{3+})而失去携氧能力,因而也会出现结膜发绀。

④黄染(又叫黄疸)。结膜呈现不同程度的黄色,是胆色素代谢障碍,血液内胆色素增多的结果。按照黄疸的成因,可分为以下三种。

a.实质性黄疸。实质性黄疸见于肝炎、肝变性,以及引起肝实质发炎、变性的某些传染病、中毒病与营养代谢病(维生素 E-Se 缺乏)等。

b.阻塞性黄疸。阻塞性黄疸见于各种原因引起的胆道阻塞,如胆结石、胆囊炎(胆管肿胀)和胆道蛔虫等。

c.溶血性黄疸。溶血性黄疸见于各种溶血性疾病,如牛焦虫病、犬钩端螺旋体病和水牛低磷性血红蛋白尿病等。

⑤结膜出血斑点。结膜出血斑点见于败血性传染病、出血性素质的病例,如猪瘟、猪肺疫、焦虫病等。

(3)眼球、瞳孔、角膜与巩膜的变化。

①眼球。

a.眼球突出。眼球突出见于突眼性甲状腺肿以及严重的呼吸困难和红眼病。

b.眼球凹陷。眼球凹陷见于脱水及重度消耗性疾病。

c.眼球震颤。眼球震颤见于癫痫及脑炎。小脑及脑干损伤时,也可见眼球震颤。

②瞳孔。

a.瞳孔扩大。瞳孔扩大见于脑肿瘤或脑脓肿,也见于阿托品中毒。

b.瞳孔缩小。瞳孔缩小见于脑炎及有机磷农药中毒。

③角膜与巩膜。

a.角膜混浊。角膜混浊见于鞭伤、维生素 A 缺乏、猪囊虫病和马、牛混睛虫病。

b.巩膜潮红、黄染的意义与结膜相同。

1.1.8　浅在淋巴结及淋巴管的检查

浅在淋巴结及淋巴管的检查在判定感染病灶和对某些传染病的诊断上有一定意义。检查方法主要包括视诊和触诊,必要时可使用活体穿刺检查法。检查时,应注意其大小、形状、硬度、局部皮肤的温度、敏感性与可移动性等。

临床上最常检查的体表淋巴结是下颌淋巴结、肩前淋巴结、股前(膝上)淋巴结(犬无此淋巴结)、乳房上淋巴结和浅在淋巴管。健康动物体表的淋巴管不明显,仅在发病时才可检查到。

浅在淋巴结及淋巴管的病理变化如下:

(1)急性肿胀　急性肿胀为腺实质发生炎症,通常体积明显增大,表面光滑,触之发热并敏感,质地坚实,活动性受阻,见于局部感染及某些传染病,如水牛热、流感及上呼吸道感染。淋巴管肿胀、变粗及呈绳索状,见于淋巴管炎。

(2)慢性肿胀　淋巴结变得坚硬,表面凹凸不平,无热无痛,无移动性,多提示慢性传染病(如结核病、布鲁菌病等)和白血病等。

(3)化脓　淋巴结在初期肿胀的基础上,增温而敏感,明显隆起,皮肤紧张,渐有波动。而后,随着皮肤变薄,被毛脱落、破溃而排出脓液。化脓见于淋巴结或淋巴管的化脓性炎症,如猪链球菌病、放线菌病等。

1.1.9　体温、脉搏及呼吸数的测定

1.1.9.1　体温测定

健康动物能在外界不同的温度条件下经常保持着恒定的体温,其正常指标在稳定的范围内变动,但受某些生理性因素的影响后,可引起一定程度的生理性变动。

(1)方法　家畜均以检测直肠温度为准;家禽可测直肠温度,也可测腋下温度。一般用特制的玻璃状水银柱式体温计测温,也可用远红外测温仪测温。按照体温计的规格要求,将体温计插入直肠或夹于翼下,放置 $3 \sim 5$ min,读取结果即可。

(2)注意事项。

①体温计须甩至 35 ℃以下,且涂以润滑剂。

②体温计插入前须轻触肛门,插入时须徐缓(切忌粗鲁),插入后固定好。

③不要将体温计插入宿粪中,以免影响结果。

④应逐日对病畜测温,最好每昼夜定时检测 2 次。

(3)体温的病理变化。

①发热。热原性刺激物使体温调节中枢的机能发生紊乱,产热和散热的平衡受到破坏,使产热增多,而散热减少,从而体温升高,并呈现全身症状,称为发热。简言之,超过正常的体温称为发热。

②发热的原因。

a.致热源。凡能引起机体产生发热反应的各种致热刺激物,统称为致热源。根据其性质和来源的不同又分为:传染性致热源,主要指细菌、病毒、立克次体、霉形体、真菌、螺旋体及原虫等各种生物性致病因子;非传染性致热源,主要指恶性肿瘤产物、抗原抗体复合物、无菌性炎症产物(如手术、组织挫伤和辐射等)和类固醇物质等。

b.非致热源性致热因素,包括中枢神经系统损伤、产热过多、散热障碍、化学药物性致热因素等。

③热候。发热时,伴随体温升高而发生的一系列综合症状,称为热候。如恶寒战栗、皮温不整、末梢冷感、呼吸脉搏数增加、消化紊乱、尿量减少以及精神沉郁

等。又如猪流感,有人将其热候编成顺口溜:猪感冒体温高,鼻涕咳嗽穿红袍,来势凶猛传染快,病的多来死的少。

④发热的分型有三种。

a. 按病程长短分为:急性热,发热延续 1～2 周,见于急性传染病,如炭疽、流感等;亚急性热,发热延续 3～6 周,见于牛的锥虫病和亚急性猪瘟等;慢性热,发热延续数月甚至 1 年以上,见于布鲁菌病、结核病等;一过性热(或称暂时热),发热仅持续 1～2 日,即行下降,并恢复至正常状态,见于注射血清、疫苗及一时性消化紊乱等,对动物无不良影响。

b. 按发热程度分为:微热,体温升高 0.5～1.0 ℃,见于局部的炎症及消化不良等;中热,体温升高 1～2 ℃,见于消化道、呼吸道的一般性炎症过程,以及某些亚急性、慢性传染病,如咽炎、胃肠炎、支气管炎等;高热,体温升高 2～3 ℃,见于急性传染病和广泛性炎症(如流感、口蹄疫、猪瘟等)及中暑等;过高热,体温升高 3 ℃以上,见于某些严重的急性传染病(如猪丹毒、脓毒败血症等)及中暑等。

一般来说,发热的程度可反映疾病的范围、性质及轻重程度,但仅有相对的诊断意义,因为同类疾病因发展阶段不同、病畜种类不同或年龄差异等而对发热的反应不同。

c. 按热曲线分为:稽留热,高热持续 3 天以上,而每日温差在 1 ℃以内波动,见于水牛热、猪瘟(人的非典也如此)等,是致热源持续刺激热调节中枢的结果;弛张热,高热,每日温差波动在 1～2 ℃或 2 ℃以上,见于各种化脓性疾病、败血症及小叶性肺炎等;间歇热,发热期和无热期交替出现,有热期短,无热期不定,见于牛的焦虫病;回归热,类似于间歇热,但有热期与无热期均以较长的间歇期交互出现,见于亚急性和慢性马传染性贫血等;不定型热,发热的体温曲线没有规律性的变化,多见于一些非典型经过的疾病。

根据热型来鉴别疾病也不是绝对的,因为热曲线不但取决于动物个体的反应性,还受治疗药物(如解热剂、抗生素等)的影响。另外,在疾病发生过程中,由于继发症的出现,也会有两种或两种以上热型交互存在,因此,应该特别注意。

⑤发热的分期。在发热的全过程中,可分为三期。

a. 增进期。增进期为体温持续上升的时期,此期随致病原因不同而有长有短。体温急剧升高时,常伴有恶寒战栗。

b. 极期。极期为体温升至最高后持续的时期。

c. 减退期。在此期内,体温迅速或缓慢下降,因此,要注意体温下降的趋势。减退期分为:热骤退,是发热持续一定时间后,体温迅速下降至常温的过程;热渐退,是发热后体温缓慢下降至常温的过程。

热减退与全身状况的关系:随着发热的减退,病畜的全身状况也逐渐改善,这是病情趋于缓和的征象。在热骤退时,脉搏数增多,且全身状态恶化,常为预后不良的征兆,应当引起注意。

（4）体温过低（或低下）　由病理性的原因引起体温低于常温的下界,称为体温过低。低体温可见于老龄、重度营养不良、严重贫血（如大失血、内脏破裂等）、某些脑病（脑肿瘤或慢性脑室积水）、中毒及多种疾病的濒死期等。

1.1.9.2　脉搏数测定

脉搏是浅在动脉的搏动。脉搏数是机体重要的生理指标之一,脉搏数变化对判定病性和疾病的轻重,以及对预后和制定维持心脏功能的措施等都是重要的依据。

（1）测定方法。

①部位。大动物宜在颌外（或下颌）动脉或尾动脉进行触诊,中小动物可在股内动脉进行触诊。家禽及浅在动脉不感于手的动物,可在心前区听诊每分钟的心跳次数。

②方法。用指腹感知脉搏跳动,计数其每分钟的跳动次数（次/分）;或计数半分钟的跳动次数,将结果乘以 2,即为每分钟的脉搏数（以"次/分"表示）。

③注意事项。任何畜禽的脉搏测定均须在安静状态下进行,以免影响测定结果。

（2）健康动物的脉搏数　见附录 3。

（3）脉搏数的变化及其临床意义　脉搏数的病理改变表现为增多和减少,其中以前者最为常见。脉搏数增多是心脏活动加快的结果,通常见于下列情况。

①各种发热性疾病,包括发热性传染病和非传染病,如炭疽、猪瘟、口蹄疫、中暑等。由于过热的血液及细菌毒素和病毒等刺激心脏活动中枢,从而使脉搏数增多。

②各种心脏病,如心肌炎、急性心内膜炎和心包炎。窦房结受刺激或心肌的代偿机能不全（力弱、次多）,均可使脉搏数增多。

③呼吸器官疾病,如各型肺炎、胸膜炎、肺充血和肺水肿。肺内气体交换出现障碍,血中氧气缺乏或二氧化碳增多,通过主动脉弓和颈动脉窦的压力感受器,可以反射性地引起心搏动加快和脉搏数增多。

④各型贫血及严重脱水的疾病,如大失血、腹泻等。由于血容量不足,血压下降,颈动脉窦和主动脉弓的压力感受器所受的刺激减弱,通过窦神经和主动脉神经上传至延髓的传入冲动减少,使心抑制中枢的兴奋减弱,而心加速中枢的兴奋加强,于是交感神经传出冲动增加,直接或间接地通过肾上腺髓质激素作用于心脏,使心搏动加快、加强,从而引起脉搏数增多。

⑤剧痛性疾病,如急性腹痛病、骨折和四肢带痛性疾病。机械性和致痛物质刺激痛觉感受器,可反射性地引起心跳加快和脉搏数增多。

⑥中毒和药物的影响,如毒芹中毒、白苏中毒、亚硝酸盐中毒及阿托品的作用等,均可使脉搏数增加。

(4)脉搏数减少　脉搏数减少是心脏活动减慢的指征,临床上较少见。一般见于引起颅内压增高的疾病(如慢性脑室积水和脑肿瘤)、胆汁血症(实质性肝炎或胆道阻塞等)和某些药物中毒等。另外,脉搏数减少也可见于心脏传导阻滞及窦性心动过缓等。

1.1.9.3　呼吸数测定

呼吸数可以反映畜禽的全身状态。在一般检查过程中,常先对呼吸数作初步检查,以了解呼吸系统的大体情况,为系统检查和进行特殊检查提供依据。

(1)检查方法　检查动物的呼吸数必须在动物处于安静状态,或适当休息后再进行。最好站在动物胸部的前侧方或腹部的后侧方一定距离处观察,方法是:观察胸、腹部的起伏运动,胸腹的一起一伏,即为一次呼吸;或者将手背放于动物鼻孔前方的适当位置,感觉呼出气流(冬季更易观察),喷出一次气流,就是一次呼吸;也可以观察鼻翼的煽动,计算呼吸数。

(2)健康动物的呼吸数　见附录3。

(3)病理变化与临床意义　呼吸数的病理变化表现为增多或减少。这多与呼吸中枢的机能状态、神经和体液调节等因素有关。

①呼吸数增多。呼吸数增多常见于:热性病;呼吸器官疾病;心脏病(心衰)和血液病(血红蛋白变性);呼吸疼痛性疾病(如胸膜炎、肋骨骨折、创伤性网胃炎、腹膜炎等);中枢神经系统兴奋性增高的疾病(如脑炎、脑充血等);呼吸运动受阻,呼吸运动受阻与膈活动受限制(麻痹、膈破裂)、腹压升高(胃肠臌气、腹水)等密切相关。

②呼吸数减少。呼吸数减少比较少见,有时见于某些脑病(脑炎、脑水肿)、尿毒症和上呼吸道狭窄等(由于吸气时间延长)。

1.1.9.4　T、P、R 三者的关系

一般来说,T(体温)、P(脉搏数)、R(呼吸数)的变化在许多疾病中大体是平衡一致的,即当 T 增加时,P 与 R 也相应增加;而当 T 下降时,P 与 R 也相应地减少。故三者平行上升,表示病情加重;三者逐渐平行下降,反映病情趋向好转。然而在高热骤退的情况下,热曲线急剧下降,而脉搏数与呼吸数上升,则反映心脏功能或中枢神经系统的调节机能衰竭,此为预后不良之征。

1.2　心血管系统的临床检查

心血管系统由心脏、动脉、毛细血管、静脉和血液组成。它的功能是保证供给机体各组织所需的氧气和营养物质,排除其机体产生的二氧化碳和其他代谢产物。

1.2.1　心搏动的检查

心搏动是心室收缩时冲击心区的胸壁而引起的震动。检查心搏动用视诊法和触诊法，其目的在于判定心搏动频率、强度及位置等，主要是判定其强度的变化。

1.2.1.1　心搏动强度的检查方法

用肉眼观察左侧心区胸壁被毛的颤动，也可将手掌放于左侧心区胸壁（第2～5肋间，肘后方）进行触诊。心搏动强度取决于三种因素：心脏的收缩力量；胸壁的厚度；胸壁与心脏之间的介质状态。

1.2.1.2　心搏动强度改变的临床意义

（1）心搏动增强　触诊时感到心搏动强而有力，并且区域扩大。除因运动、兴奋、恐惧等外，可见于各种能引起心脏机能亢进的疾病，如发热初期的心内膜炎、心肌炎、伴有剧痛性疾病及心肥大等。

心搏动过度增强，并随心动而引起全身震动的症状称为心悸。心悸须与膈痉挛相区别。前者的全身震动与心搏动、脉搏一致（且在心区外也能听到大血管音，即动脉音），而后者不然（与呼吸一致）。

（2）心搏动减弱　触诊时，感知心搏动力减弱，区域缩小，或难以感之。临床上，心搏动减弱多见于心脏衰弱，以及心脏与胸壁距离增加的疾病，如胸壁水肿、胸腔积液、慢性肺泡气肿及心包炎等。

1.2.1.3　心搏动频率及心搏位置的检查

心搏动频率有时可以代替脉搏的次数（尤其当脉搏过于微弱而不能感知时）。其正常指标、频率增减的变化原因和临床意义与脉搏次数的变化基本相同。

（1）常见的频率变化。

①心动过速。在单位时间内心搏动频率超过正常范围。

②心动徐缓。在单位时间内心搏动频率和脉率均较正常少，但节律无改变。

（2）心搏动位置的检查应主要注意有无心搏动移位现象。

①向前移位。向前移位见于胃扩张、膈疝等。

②向右移位。向右移位见于左侧胸腔积液或积气。

1.2.1.4　心区的叩诊

叩诊心区的目的在于确定心脏的大小、形状及其在胸腔内的位置，以及在叩打时观察动物有无疼痛表现等。心脏的一小部分与胸壁接触，叩诊时呈浊音，称为心脏绝对浊音区，它标志着心脏靠近胸壁的部分；心脏的大部分被肺脏所掩盖，叩诊时呈半浊音，称为心脏相对浊音区，它标志着心脏的真正大小。

大家畜应用槌板叩诊法，叩诊时先将动物的左前肢向前牵引半步，以使心区充分显露。小动物可用指指叩诊法，叩诊时可将动物作右侧卧保定。

（1）叩诊心区　一般从肩胛骨后角开始，分肋间按顺序进行。

①牛。其相对浊音区位于左侧第 3～4 肋间，胸廓下 1/3 中部。

②羊。其相对浊音区（无绝对浊音区）位于左侧胸廓下 1/3 中部的第 3～4 或 3～5 肋间。

③犬、猫。其心脏绝对浊音区位于左侧第 4～6 肋间，前缘达第 4 肋骨，上缘达肋骨和肋软骨结合部，大致与胸骨平行，后界受肝浊音的影响而无明显界限。

（2）病理变化及临床意义。

①心脏浊音区扩大。

a. 相对浊音区扩大，由心脏容积增大所致，见于心肥大、心扩张及心包积液。

b. 绝对浊音区扩大，由肺脏覆盖心脏的面积缩小所致，见于肺萎陷。

②心脏浊音区缩小。

a. 绝对浊音区缩小，见于肺泡气肿和气胸。

b. 相对浊音区缩小，由覆盖心脏的肺叶部分发生实变所致，见于各型肺炎。

③心区叩诊呈鼓音。常见于反刍兽的创伤性心包炎，若在心包炎的基础上受到腐败菌感染，则因组织崩解而产生气体，叩诊时即可听到鼓音。

④心区叩诊敏感。提示心包炎和胸膜炎。

1.2.1.5　心音的听诊

心音的特点如下：

①第一心音持续时间长，音调低，声音的末尾拖长；而第二心音具有短促、清脆、末尾突然终止的特点。

②短间隔之前的为第一心音，之后的为第二心音；长间隔之前的为第二心音，之后的为第一心音。

③与心搏动和动脉搏动同时出现的为第一心音，不同时出现的为第二心音。

在心区的任何一点都可以听到两个心音，但临床上把某个心音听得最清楚的地方称为心音的最强（或最佳）听取点。

1.2.1.6　心音的病理改变及临床意义

（1）心音频率的改变主要表现为心动过速或心动过缓。

①窦性心动过速。表现为心率均匀而快速，见于热性病、心功能不全、剧痛、贫血或失血性疾病等。

②窦性心动过缓。表现为心率均匀而缓慢，一般见于迷走神经（抑制心跳）兴奋（如胆质血症、洋地黄中毒等）、心脏传导功能障碍等。

（2）心音强度的改变。

①心音增强。一般来说，第一心音的强弱主要取决于心肌收缩力量的大小，第二心音的强弱主要取决于动脉（主动脉和肺动脉）根部压力的大小。心音增强可分为：

　　a.两心音同时增强。两心音同时增强可见于某些生理情况下,如兴奋、恐惧及使役、运动之后。消瘦及胸腔狭窄的家畜的两心音也较强盛,应注意区别。病理情况下,两心音同时增强见于热性病初期、剧痛性疾病、心肥大及心脏代偿机能亢进和应用强心剂等。

　　b.第一心音增强。除见于收缩力代偿性增强外,还主要见于:第一,心室充盈不足,房室瓣位置低下。在关闭收缩时,因振幅加大,而使第一心音增强。见于房室瓣口狭窄和有效循环血量不足,需要增加心输出量时。第二,动脉根部压力过低,见于大失血、大失水、休克和心动过速。第三,因第二心音减弱而引起第一心音的相对增强。

　　c.第二心音增强。第二心音增强由主动脉或肺动脉的血压升高,在心室舒张时,动脉瓣迅速而紧张地关闭所致,分为:第一,主动脉压升高,见于心肥大、急性肾炎等。第二,肺动脉压升高,见于肺淤血、慢性肺泡气肿和二尖瓣闭锁不全等。

　　②心音减弱。对于营养不良、皮下脂肪发达的动物,听诊时两个心音都减弱,其病理情况如下:

　　a.两心音均减弱,见于动物濒死期或渗出性胸膜炎。前者是由于心肌收缩力减弱,而后者是由于传音不良。

　　b.第一心音减弱比较少见,只是在心肌梗死和心肌炎的末期才易发生。第一心音减弱主要是第二心音增强时的相对减弱。

　　c.第二心音减弱,临床上常见,见于大失血、高度心衰、休克与心动过速等。第二心音显著减弱,常提示预后不良。

　　(3)心音性质的改变　表现为心音混浊、金属样心音和钟摆律等。

　　①心音混浊,即心音低浊,含混不清。主要由心肌变性或心瓣膜的病变所致,见于某些高热性疾病(如猪瘟、丹毒等)、高度衰竭症(如结核病、白肌病等)和重度贫血等。

　　②金属样心音,表现为心音过于清脆而带有金属音响。见于破伤风,或邻近心区的肺叶有含气的空洞时;也见于膈疝,且脱垂于心区部位的肠段内含有大量气体。

　　③钟摆律。前后两个心动周期间的休止期缩短,且第一心音和第二心音的强度、性质相似,心脏舒缩时间也略相等,再加上心动过速,听诊极似钟摆"滴答"声,故称为钟摆律。钟摆律提示心肌损害。

　　(4)心音分裂和重复　第一心音或第二心音分裂成两个声音,这两个声音的性质与心音完全一致,称为心音分裂和重复。分成的两个心音中,间隔较短的称为心音分裂,间隔较长的称为心音重复。两者的临床意义相同。

　　①第一心音分裂或重复,由左右房室瓣关闭时间不一致所致,见于一侧性束

支传导阻滞、先天性心脏病、心肌变性及梗死等。动物在兴奋时出现的一时性心音分裂,安静后即行恢复,则无病理意义。

②第二心音分裂或重复,由主、肺动脉瓣不同时关闭所致,见于一侧性束支完全性传导阻滞、一侧性动脉瓣口狭窄、肺充血或肾炎。

③奔马调,即在两个心音以外又有第三个附加音,恰如远处传来的奔马蹄音(嗵一哒一哒),见于心肌炎、心肌硬化(陈旧性心肌损害)等。

(5)心音节律的改变　每次心音的间隔时间不等,强度不一,则为节律不齐。心音的节律不齐一般简称为心律不齐。

节律的两个概念:第一,窦性节律,是以窦房结为兴奋起源的节律,如正常节律、窦性心动过速或过缓和心律不齐等。第二,异位节律,是窦房结以外的异位兴奋灶所引起的心律紊乱,如期外收缩(或称过早搏动)、阵发性心动过速等。

心律不齐的临床表现:过快而规则的心律,如窦性心动过速、阵发性心动过速等;过慢而规则的心律,如窦性心动过缓、心传导阻滞等;不规则的心律,如窦性心律不齐、期外收缩或过早搏动、心传导阻滞和心房颤动等。

(6)心律不齐的常见原因。

①窦性心律不齐。窦性心律不齐表现为心脏活动的周期性快慢不均匀,且大多数与呼吸有关,一般吸气时心动加快,而呼气时心动转慢。窦性心律不齐常见于健康的犬、猫和幼驹;若成年马出现这种情况,则见于慢性肺气肿、肺炎等。

②期前收缩(或过早搏动)。当心肌的兴奋性改变而出现窦房结以外的异位兴奋灶时,在正常的窦房结的兴奋冲动传来之前,先由异位兴奋灶传来一次兴奋冲动,从而引起心肌的提前收缩;此后,原来应有的正常搏动又消失一次,以至于要等到下次正常的兴奋冲动传来,才能再次引起心脏的搏动,从而使其间隔时间延长,即出现所谓的代偿性间歇。

期前收缩的临床特点:在正常心音后,经较短的时间即很快出现一次提前收缩的心音,其后经较长的间歇时间,才出现下次心音。此时,因提前收缩时心室充盈量不足,心搏出量少,故其第二心音微弱,甚至可能消失。期前收缩是心肌损害的标志,一般见于器质性心脏病、心衰、缺 K^+ 及药物中毒等。

③阵发性心动过速。在正常心律中,连续发生三次以上期前收缩的快速心律称为阵发性心动过速,见于心衰及重危疾病中。

④传导阻滞。当心肌病变波及传导系统时,兴奋冲动不能顺利地向下传递,使心脏在几次正常搏动之后,停搏一次(心搏动暂停)的现象,称为传导阻滞。传导阻滞的临床特点是使心脏在几次正常搏动之后,停搏一次(心搏动暂停),故又称为心动间歇。传导阻滞常为心肌损害的重要指征。房室传导阻滞若有规律地每经二、三或四次心室搏动后即出现一次搏动脱漏,也可用二联、三联或四联律述之。

⑤心房颤动。正常情况下,心房肌先收缩,然后心室肌收缩,再共同进入舒张期。在病理情况下,由于心房内异位节律点发出极高的频率冲动,或异位冲动产生环行运动,完全取代了心脏的膈肌起搏点,而占据了支配心脏搏动的地位,使房室的个别肌纤维在不同时期分散而连续地收缩,从而发生震颤,一般表现为心房颤动(或称心房纤颤)。

心房颤动的特点是:心房搏动频率高,而心室搏动频率低,导致心律毫无规则;心音时强时弱,休止期或长或短,是心律不齐中最无规律的一种,也称为心动紊乱。心房颤动常预后不良,多见于动物的濒死期。

(7)心杂音 心杂音是指伴随心脏的舒缩活动而产生正常心音以外的附加音响。其特点是持续时间长,可与心音分开或同时产生,甚至掩盖心音。

①心外性杂音。心外性杂音是心包或靠近心区的胸膜发生病变的结果。包括:

a. 心包摩擦音。犹如两层皮革的摩擦音响,呈断续的、粗糙的破裂音,见于心包炎的初期。

b. 心包拍水音。伴随心脏活动发生的一种类似水击河岸的声音称为心包拍水音,见于腐败性心包炎。

c. 心肺性杂音。在心脏扩张,收缩力量增强,活动幅度增大的情况下,当心脏收缩时,由于心脏的容积变小,胸内负压增高,在吸气的瞬间,大量的空气由支气管进入肺泡内而发生的杂音,称为心肺性杂音,主要见于心肥大。

d. 胸腔拍水音。胸腔有积液时,可听到与呼吸一致的水击河岸的声音,尤以在改变体位时更明显,甚至不用听诊器也能听到,这种声音称为胸腔拍水音,见于渗出性胸膜炎。

②心内性杂音。心内性杂音是心内瓣膜及其相应的瓣膜口发生形态改变或血液性质发生变化时,伴随心脏活动而产生的杂音,包括:

a. 器质性杂音。起源于心脏瓣膜或心脏内部,并具有瓣膜结构形态的变化(一般具有不可逆性)时所产生的杂音称为器质性杂音。其音性多粗糙、尖锐,或如锯木声、箭鸣音,是慢性心内膜炎的特征。其中,缩期杂音见于房室瓣闭锁不全或动脉瓣口狭窄;张期杂音见于房室瓣狭窄或动脉瓣闭锁不全。

b. 非器质性杂音。非器质性杂音是起源于心瓣膜上的杂音,但并无不可逆的形态学改变。因多由机能性变化引起,故一般又称为机能性杂音。其音性多柔和,如吹风样声音、喷射音等。非器质性杂音见于贫血和心肥大等。

1.2.2 脉管的检查

1.2.2.1 动脉压(血压)的测定

血压是指血液在动脉血管内流动的压力。检测血压用弹簧式血压表,大家畜在尾根部测定,中小动物在股内侧测定。

表 1-1　动物血压正常值(以 mmHg 计)

动物	测定部位	收缩压	舒张压	脉压
马骡	尾根	100～120	35～50	65～70
牛	尾根	110～130	30～35	80
驼	尾根	130～155	50～75	80
山绵羊	股部	100～120	50～65	50～55
犬	股部	120～140	30～40	90～100
人	肘部	90～140	60～90	30～50

临床意义包括:

(1)血压升高　见于血管硬化、急慢性肾炎及兴奋、运动、使役之后。

(2)血压降低　见于心机能不全、休克、大失血及热性病(由于外周血管阻力降低)。

(3)脉压增加　见于主动脉瓣闭锁不全(血管弹力良好)。

(4)脉压变小　见于二尖瓣口狭窄。

1.2.2.2　浅在静脉的检查

一般通过视诊和触诊了解浅在静脉的充盈度,常表现为下列情况:

(1)静脉萎陷　体表静脉不显露,即使压迫静脉,其远心端也不膨隆;将针头插入静脉内,血液不易流出。静脉萎陷见于严重毒血症、贫血、休克、动物濒死期等。

(2)静脉过度充盈　除生产(如奶牛)、使役等生理性因素外,主要见于心包炎、心肌炎、胸水及肺气肿等。此时,表现为体表静脉极度膨隆,呈绳索状,可见黏膜潮红或发绀。静脉过度充盈又称为静脉怒张。

1.2.2.3　颈静脉搏动(或波动)检查

随心脏活动而引起颈静脉逆行性搏动,称为颈静脉搏动。可用指压试验来确定,即用手指压颈静脉的中部,并立即观察压后血管的波动情况。

(1)阴性搏动　指压后远心端和近心端波动均消失,见于心脏衰弱。

(2)阳性搏动　指压后远心端波动消失而近心端波动仍存在,见于三尖瓣闭锁不全。

(3)伪性搏动　指压后无变化,是由颈动脉的强力搏动而引起的颈静脉波动。

1.3　呼吸系统的临床检查

呼吸系统的临床检查主要包括呼吸运动的检查、上呼吸道的检查、胸廓和肺的检查等。

1.3.1　呼吸类型的检查

呼吸类型即家畜的呼吸方式。检查时,应注意胸廓和腹壁起伏动作的协调性和强度。根据胸壁和腹壁起伏变化的程度及呼吸肌收缩的强度,将其分为三种类型。

(1)胸腹式呼吸　健康家畜(犬除外)正常的呼吸式为胸腹式呼吸,即呼吸时胸壁与腹壁的运动协调,强度也均匀一致。

(2)胸式呼吸　呼吸时,胸壁运动较腹壁运动明显,表明病变多在腹部。胸式呼吸常见于影响膈肌和腹肌运动的疾病,如急性瘤胃鼓胀、胃扩张、膈肌炎、腹膜炎、腹壁疝和创伤性网胃炎等。此外,膈破裂和膈麻痹时,也出现胸式呼吸。胸式呼吸是犬的正常呼吸式,是其他家畜的病理呼吸式。

(3)腹式呼吸(病理呼吸式)　呼吸时,腹壁运动较胸壁运动明显,表明病变多在胸部。腹式呼吸常见于妨碍胸壁运动的疾病,如胸膜炎、心包炎、肺气肿、肋骨骨折等。

1.3.2　呼吸节律的检查

家畜的正常呼吸呈准确而有节律性的相互交替运动。由于吸气是随呼吸肌的收缩运动而产生的一种主动性动作,而呼气是在呼吸肌弛缓时才开始的一种被动性动作,因此,呼气时间比吸气时间长。

健康家畜的呼吸节律可因兴奋、运动、恐惧、尖叫、狂吠、喷鼻及嗅闻等而发生暂时性变化,并无病理意义。正常的呼吸节律遭到破坏,称为呼吸节律异常。临床上,常见的呼吸节律的病理变化主要有以下几种。

(1)吸气延长　由于空气进入肺脏发生障碍,因此,吸气时间延长,见于上呼吸道狭窄、膈肌收缩运动受阻等。

(2)呼气延长　由于肺泡中空气排出受到阻碍,因此,呼出动作不能顺利地进行而使呼气延长,见于细支气管炎、慢性肺泡气肿、膈肌舒张不全等。

(3)间断性呼吸　间断性呼吸是指在呼吸过程中,出现多次短促而有间断的动作,其特征为间断性吸气或呼气。出现间断性呼吸是由于病畜先抑制呼吸,然后代偿以短时间的呼气而引起的。间断性呼吸见于细支气管炎、慢性肺泡气肿、胸膜炎和疼痛性胸腹部疾病,有时也见于呼吸中枢兴奋性降低的疾病,如脑炎、中毒和濒死期等。

(4)潮式呼吸　即陈—施式呼吸,其特征为呼吸逐渐加强、加深、加快,当达到高峰以后,又逐渐变弱、变浅、变慢,而后呼吸中断。经数秒乃至 15～30 s 的短暂间歇以后,又以同样的方式出现。潮式呼吸是呼吸中枢敏感性降低、病情严重的表现,见于脑炎、心力衰竭及某些中毒等。

(5)间歇呼吸　即毕奥式呼吸,其特征是数次连续的、深度大致相等的深呼吸和呼吸暂停交替出现。间歇呼吸常见于各种脑膜炎、中毒、尿毒症及各类严重疾病的濒死期。

(6)深长呼吸　即库斯毛尔式呼吸,其特征为呼吸不中断,发生深而慢的大呼吸,呼吸次数少,并带有明显的呼吸杂音,如罗音和鼾声,故又称为深大呼吸。深长呼吸见于酸中毒、尿毒症和濒死期,偶见于大失血、脑脊髓炎和脑水肿等。

1.3.3　呼吸的对称性检查

健康家畜呼吸时,两侧胸壁起伏运动的强度完全一致,称为对称性呼吸。当胸部疾病局限于一侧时,患侧胸部的呼吸运动显著减弱或消失,而健侧胸部的呼吸运动出现代偿性加强,称为不对称呼吸,常见于一侧性的胸膜炎、肋骨骨折和气胸等。当胸部两侧均患病时,两侧呼吸运动均减弱,但以病重的一侧减弱更为明显,这也属于不对称呼吸。

1.3.4　呼吸困难的检查

呼吸运动加强、费力,并且呼吸的频率、方式、节律、对称性等也发生变化,这种现象称为呼吸困难。高度的呼吸困难称为气喘。

1.3.4.1　呼吸困难的表现形式

(1)吸气性呼吸困难。

①特征。吸气用力,时间延长;头颈伸直,肘头外展,肋骨上举,肛门内陷;常听到哨音样呼吸狭窄音。

②临床意义。吸气性呼吸困难主要是气体通过上呼吸道发生障碍的结果。动物为了使空气易于吸入肺脏,克服吸气的障碍,正常时不参加吸气运动的肌肉,如上、下锯肌和举肋骨肌等也参与吸气运动,呈现吸气性呼吸困难的特异姿势,常见于上呼吸道狭窄和咽及淋巴结肿胀等。鸡的传染性喉气管炎、禽类比翼线虫寄生于气管等,可引起张口呼吸症状。牛鼻旁窦蓄脓时,呼吸性杂音(狭窄音)特别明显。

(2)呼气性呼吸困难。

①特征。呼气用力,时间延长;脊背弓屈,肷窝变平,肛门突出;呈二段性呼气,喘沟明显。

②临床意义。呼气性呼吸困难是肺内空气排出发生障碍的结果,常见于细支气管管腔狭窄以及肺泡弹性降低的疾病,如细支气管炎、慢性肺泡气肿等。

(3)混合性呼吸困难　这是临床上最常见的一种呼吸困难。

①特征。呼气与吸气均发生困难,常伴有呼吸次数增加的现象。

②临床意义。混合性呼吸困难由呼吸中枢兴奋、抑制或呼吸运动受阻所致,见于心肺疾病以及贫血、中毒、脑病、剧痛和腹压增高性疾病等。

1.3.4.2　呼吸困难的原因

(1)肺源性呼吸困难　肺源性呼吸困难主要是呼吸器官机能障碍的结果。当上呼吸道狭窄,支气管、肺、胸膜等发生疾病时,肺呼吸面积减少,肺组织弹力减退,胸部运动出现障碍等,引起肺的换气不足或血液循环障碍,使血液二氧化碳浓度增高,从而兴奋呼吸中枢。

(2)心源性呼吸困难　心源性呼吸困难由心力衰竭、循环障碍所致。其产生的主要原因是小循环发生障碍,肺换气受到限制,导致氧气缺少和二氧化碳蓄积,出现混合性呼吸困难。心源性呼吸困难见于心内膜炎、心肌炎、心肥大及心扩张、创伤性心包炎和心力衰竭等。

(3)血源性呼吸困难　血源性呼吸困难由红细胞或血红蛋白减少、血氧不足所致,见于严重贫血、大失血和血孢子虫病(如焦虫病)等。

(4)中毒性呼吸困难　中毒性呼吸困难由体内外有毒物质作用于呼吸中枢,使之兴奋或抑制所致。根据毒物来源又分为两种。

①内源中毒性呼吸困难。各种原因引起的代谢性酸中毒,均可使血中二氧化碳浓度升高和 pH 下降,间接或直接兴奋呼吸中枢,增加呼吸通气量和换气量,表现为深而大的呼吸困难,但不存在明显的心、肺疾病。内源中毒性呼吸困难可见于瘤胃酸中毒、尿毒症、酮病和严重的胃肠炎等。此外,患高热性疾病时,代谢亢进、血液温度增高以及血中毒都能刺激呼吸中枢,引起呼吸困难。

②外源中毒性呼吸困难。某些化学物质能影响血红蛋白,使之失去携氧功能(如亚硝酸盐中毒),或抑制细胞内酶的活性,破坏组织氧化过程(如氢氰酸中毒),从而造成组织(或细胞)缺氧,出现呼吸困难。另外,有机磷农药中毒可引起支气管分泌增加,支气管痉挛和肺水肿,而导致呼吸困难。水合氯醛、吗啡、巴比妥中毒时,呼吸中枢受到抑制,呼吸迟缓。

(5)中枢性呼吸困难　中枢性呼吸困难由呼吸中枢兴奋所致,见于脑膜炎、脑出血、脑肿瘤等。此外,某些疼痛性疾病可反射性引起呼吸加深,重者可发生呼吸困难。

(6)腹压增高性呼吸困难　由胃肠容积增大或膨胀,腹腔压力增高,直接压迫膈肌并影响腹壁的活动所致。严重者常因高度呼吸困难而在数分钟内窒息死亡。腹压增高性呼吸困难见于紫云英中毒、急性瘤胃鼓胀、肠鼓胀、肠变位、胃扩张和腹腔积液等。

1.3.5　呃逆

呃逆(膈肌痉挛)是膈神经直接或间接受到刺激,使膈肌发生有节律的收缩,而产生的一种短暂而急促的吸气运动。其特征为腹部和肷窝部发生节律性的特殊跳动。严重者胸壁甚至全身也出现有节律的震动(又称跳肷),同时可闻呃逆声"呃",见于动物突然受凉、中毒、脑病以及某些腹痛症和胃肠炎等。呃逆的发生与呼吸一致,要与心悸相区别。

1.4　泌尿生殖系统的临床检查

1.4.1　排尿与排尿异常

1.4.1.1　排尿姿势

动物种类不同,其正常的排尿姿势也不尽相同。母牛、母羊排尿时,后肢展开、下蹲、举尾、背部拱起。公牛和公羊排尿时不做准备动作,阴茎不需要伸出包皮外,腹肌也不参与收缩即可完成。排尿次数和尿量与肾脏的分泌机能、尿路的状态、饲料的含水量、气温、使役等因素密切相关。

1.4.1.2　排尿异常

(1)频尿　排尿次数增多,而每次排尿量不多,甚至减少的,称为频尿。频尿是膀胱、尿道黏膜兴奋性增高的结果,见于膀胱炎、尿道炎或膀胱和尿道受异物机械性刺激时。兴奋与紧张也可引起频尿。

(2)多尿　尿量增加或多尿发生于糖尿病和尿崩症病,以及慢性间质性肾炎等。多尿是指排尿次数增多,且尿量也多的症状(注意与频尿的区别)。多尿的主要原因有如下三种。

①肾小球滤过机能增强,见于大量饮水后的一时性多尿。

②肾小管上皮细胞损伤,重吸收能力减弱,见于慢性肾炎及神经性多尿症等。

③原尿中的溶质浓度增高,超过肾小管的重吸收能力,见于糖尿病和渗出性胸膜炎的吸收期等。

多尿也多见于尿路受到异物刺激、尿路发炎和雌性动物发情等。

(3)少尿和无尿　排尿次数减少,尿量也减少,称为少尿;排尿停止称为无尿。少尿和无尿常密切相关,见于严重腹泻、多汗、发热性疾病、渗出过程以及饮水减少。此时尿比重增高、尿色浓,并有大量沉渣。按其病因一般可分为肾前性、肾原性和肾后性三种。

①肾前性少尿或无尿,由血浆渗透压增高和外周循环衰竭及肾血流量减少所

致。肾前性少尿或无尿表示尿量轻度或中度减少,一般不出现完全无尿,见于脱水、休克、心力衰竭、组织内水分潴留等。

②肾原性少尿或无尿,是肾脏泌尿机能高度障碍的结果,多由肾小球和肾小管的严重病变引起。肾原性少尿或无尿见于急性肾小球肾炎、各种慢性肾脏病(如慢性肾炎、肾盂肾炎、肾结核、肾结石等)引起的肾衰竭。

③肾后性少尿或无尿,主要由尿路阻塞所致,见于肾盂、输尿管或尿道结石、炎性水肿或被脓块阻塞等。

(4)尿闭　因肾脏泌尿机能障碍而引起完全无尿的症状称为尿闭。尿闭时,膀胱内无尿,即使插入导尿管,也无尿排出。尿闭是无尿的一种形式,见于急性肾衰竭、急性肾炎、剧烈腹泻、休克和心力衰竭等。

(5)尿潴留　肾脏泌尿机能正常,而膀胱充满尿液不能排出的症状称为尿潴留。尿潴留时,完全不排尿或仅呈滴沥状排尿,多由尿路阻塞所致,见于尿道狭窄、结石、膀胱麻痹、膀胱括约肌痉挛等。

(6)尿失禁　膀胱无力保留尿液,动物未取一定的准备动作和排尿姿势,就不自主地排出尿液,称为尿失禁。尿失禁见于脊髓损伤、膀胱括约肌受损或麻痹,或长期躺卧与昏迷的病畜。

(7)尿淋漓　尿淋漓是指排尿不畅、排尿困难,尿液呈滴状或细流状、无力或断续地排出。尿淋漓多为尿潴留、尿失禁、排尿带痛和神经性排尿障碍的一种表现,有时也见于年老、胆怯(母畜因尿道短而更甚)和神经质的动物。

(8)排尿带痛　动物在排尿时表现为呻吟、努责、摇头、摆尾或回顾腹部等,排尿后仍长时间保持排尿姿势。排尿带痛见于膀胱炎、尿道炎和尿道结石等。

(9)血尿　尿中的血液可能来源于肾脏、膀胱或尿道。若肾脏和膀胱出血,则尿中血液分布均匀;若尿道出血,则新鲜尿样品中能看到分离的血液条纹,并于尿道开口部发现血滴。母畜的生殖器出血,可与尿液混合。在此种病例中,利用导尿管采得的尿样品并无血液存在。

1.4.2　尿液的感官检查

在临床检查中,经常注意了解和仔细观察家畜排出尿液的颜色、透明度、黏稠度和气味等,对某些疾病,特别是泌尿器官疾病的诊断具有重要意义。

1.4.2.1　尿色

健康家畜的尿色因动物种类、所摄入的饲料、饮水和使役等条件不同而不同,通常呈淡黄色。脓性尿液的颜色较深,稀薄尿液的颜色较淡。红色、红棕色或黑色的尿液通常表明含有血液、血红蛋白或肌红蛋白。棕绿色的尿液表明含有胆汁。当排出含有大量尿酸盐尿时,尿液呈砖红色或咖啡色。马尿呈深黄白色,黄牛、乳牛、羊、犬、鹿、驼等的尿液呈淡黄色,水牛和猪的尿呈水样外观。

草食兽的尿液在正常情况下呈碱性;在排出时已经混浊,或放置一段时间后变混浊,尿液具有芳香气味,并含有丰富的碳酸盐,而磷酸盐很少。在饥饿的情况下,动物消耗分解自体的肉质,以致尿液呈酸性。

肉食兽的尿液在正常情况下呈酸性而透明,具有辛辣气味,并含有丰富的磷酸盐,而碳酸盐则很少。

病理情况下,尿色或淡如水,或色深而浓,或带特殊色彩。一般来说,凡尿量多,色即变淡,通常是多尿的结果。反之,凡尿量少,色即变深,是尿液浓缩的结果。临床上病理性尿液可见红色、黄色、白色、蓝色和黑色五种尿色。

(1)红尿　鲜红色、暗红色、紫红色和酱油色的尿液统称为红尿。红尿可来源于血尿、血红蛋白尿、肌红蛋白尿、卟啉尿和红色药物尿。

①血尿。血尿即混有血液的尿液。血尿的颜色可因所含血量和尿液的酸碱度不同而异。当尿液呈酸性时,尿为棕红色或暗红色;当尿液呈碱性时,则尿为鲜红色。

a. 血尿的判定方法。第一,明显的血尿混浊而不透明,振荡后呈云雾状。第二,将血尿置于容器中静止片刻后,底层有红色沉淀(红细胞和血凝块),上层清朗。第三,将血尿排于地上,仔细观察可见血丝或血块,而其他红尿呈均匀红色。第四,镜检沉渣可见大量红细胞和泌尿器官上皮细胞或尿圆柱。第五,尿潜血试验为阳性。

b. 血尿的临床诊断意义。出现血尿,主要表明泌尿系统某部有出血性病理变化。根据出血部位可分为肾性血尿和肾外性血尿两种。

肾性血尿由肾脏本身疾患引起出血所致,见于肾炎、肾病、肾盂肾炎、肾脏创伤、肾结石、肾虫病(又称冠尾线虫病,寄生于猪的肾盂、肾周围脂肪和输尿管壁等处,主要危害猪,其次危害黄牛、马、驴和豚鼠等)及某些传染病(如炭疽、出血性败血症等)。

肾外性血尿由尿路(包括与尿路相通的器官,如前列腺)的疾患引起出血所致,见于肾盂肾炎、膀胱炎、尿道炎、尿道结石和前列腺炎等。

②血红蛋白尿。含有游离的血红蛋白的尿称为血红蛋白尿,它由溶血而游离出的血红蛋白经肾脏排出所致。血红蛋白尿常呈酱油色,尿色均匀,离心无沉淀,镜检无红细胞或仅有少量的红细胞;潜血试验为阳性。血红蛋白尿见于溶血性疾病,如焦虫病、弓浆虫病、附红细胞体病、钩端螺旋体病、新生幼驹溶血病、中毒性血红蛋白尿病(如油菜和甘蓝中毒、蛇毒中毒、铜盐中毒等)、低磷性血红蛋白尿病和细菌性血红蛋白尿症等。

③肌红蛋白尿。肌红蛋白尿即尿中含有肌红蛋白,见于肌肉组织变性、炎症和广泛性肌肉损伤及代谢紊乱等,如马肌红蛋白尿症、肌肉创伤和动物维生素 E-

Se 缺乏症等。此外,CO 中毒、糖尿病、酸中毒、低钾血症、全身性感染和高热、巴比妥中毒等时,也可出现肌红蛋白尿。肌红蛋白由损伤的肌肉组织(肌细胞)中逸出,并经肾脏排出,这时动物表现为肌肉变硬、肿胀、疼痛无力和运动障碍等。

④卟啉尿。卟啉尿即含有原卟啉的尿液。卟啉尿呈红色或红棕色,均匀、透明、不混浊。静置后没有沉渣,镜检看不到红细胞,潜血检验为阴性(因为原卟啉中无铁离子)。

卟啉尿的发生及其临床意义:当卟啉代谢紊乱时,血红蛋白合成障碍,导致原卟啉在循环血液中含量增高,经肾脏随尿排出而发生卟啉尿。卟啉尿见于牛和猪的卟啉病。乳牛发生卟啉病时,表现为严重贫血、营养不良、红尿、红牙、皮肤无毛区或浅色毛区对光敏感等。

⑤红色药物尿。红色药物尿即内服或注射某些含红色基质的药物时所呈现的尿液。如应用大黄、安替比林、红色素(酚红)和氨苯磺胺等,都可使尿色变红。

(2)黄尿　黄尿即尿液呈黄色,可分为两种。

①胆色素尿。尿中含有过量的胆红素或尿胆素原,是胆色素代谢障碍的结果。尿色可呈深黄色、黄绿色、黄褐色或浓茶色。胆色素包括结合胆红素、尿胆素原和游离胆红素。游离胆红素不溶于水,而在血中与蛋白质结合成较大的分子,不能通过肾阈,需在肝脏中与葡萄糖醛酸结合成为结合胆红素后才能经肾脏排出。健康动物(除犬以外)尿中不含胆红素。尿中存在结合胆红素时称为胆红素尿,表示血液中积聚过量的结合胆红素,见于肝性(实质性)黄疸和阻塞性黄疸。

尿胆素原是结合胆红素在肠道中经细菌还原后的产物,小部分由肠道重吸收后通过尿液排出。尿中胆红素原增多,见于肝细胞损害和多种因素(如病毒、细菌、寄生虫、有毒化学品、植物毒和蛇毒等)引起的溶血性疾病。溶血性黄疸时常伴有血红蛋白尿。

此外,胆盐(饲料添加剂)也可致胆色素尿。胆盐为甘氨酸钠和牛磺胆酸钠,在健康动物尿中不能检出,仅在阻塞性黄疸时伴随结合胆红素从肾脏排出。尿中胆红素与尿胆素原的变化及诊断意义见表 1-2。

表 1-2　尿胆红素与尿胆素原的变化及诊断意义

分类	尿胆红素	尿胆素原	诊断意义
溶血性黄疸	缺乏	增多	见于新生幼驹溶血病、焦虫病、低磷性血红蛋白尿病、钩端螺旋体病、高热溶血性疾病和有毒动植物中毒等
实质性黄疸	增多	增多	见于急性和慢性肝炎、肝癌、肝硬化等
阻塞性黄疸	增多	缺乏	见于胆道阻塞、胆结石、胆管炎、胆道蛔虫等

注意:胆色素尿时,尿液面上的泡沫也被染成黄色。

②黄色药物尿。黄色药物尿是应用某些含黄色基质的药物而引起的黄尿,见

于内服呋喃西林、呋喃唑酮、核黄素和注射黄色素等。

（3）白尿   白尿即尿液呈白色。白尿有乳糜尿、脓尿和碳（磷）酸钙尿等。

①乳糜尿。尿中含有脂肪滴或淋巴细胞，尿液呈乳白色，混浊不透明。镜检发现尿中有大量的脂肪滴（黄色、圆形、有折光性）、脂肪管型或淋巴细胞。乳糜尿见于犬的乳糜尿病（肾脂肪变性，是肾病的一种类型），偶见于动物的淋巴管阻塞、线虫病等。

②脓尿。尿中含有脓液或脓细胞（主要为坏死组织和中性分叶核细胞），见于肾、肾盂、膀胱及尿道的化脓性炎症和母畜子宫蓄脓（随尿排出）等。

③碳（磷）酸钙尿。尿液呈白色或淡黄白色，浑浊不透明。加入醋酸或加热后，白色消失，呈无色水样。碳（磷）酸钙尿见于饲钙过多，使钙盐随尿排出增多，且在寒冷的气候条件下，排出的尿钙迅速析出，一般无不良反应。碳（磷）酸钙尿的特点是：尿排出之初为正常颜色，然后（约半分钟）迅速变为白色。镜检沉渣发现无脂肪滴、上皮细胞和脓细胞等，仅含大量的碳（磷）酸钙结晶。

（4）蓝色药物尿   蓝色药物尿见于注射美蓝（小剂量治疗亚硝酸盐中毒，1％美蓝 0.1 ml/kg 体重；大剂量治疗氰化物中毒，1％美蓝 0.25～0.3 ml/kg 体重）之后。美蓝又称亚甲蓝。

（5）黑色药物尿   黑色药物尿见于应用石炭酸或松馏油等被机体吸收之后。

1.4.2.2 透明度

正常情况下，肉食兽的尿液清亮而透明。马尿中含有丰富的碳酸钙，故混浊而不透明。反刍兽新排出的尿液清亮，但放置后由于碳酸钙沉淀，尿液迅速变混浊。尿液也有病理性混浊。除在自然排尿时观察尿的透明度外，还可盛于清洁的玻璃器皿中进行透光检查。正常状态下，牛、猪、羊、犬的新鲜尿液透明、不浑浊，且无沉淀。如变为浑浊、不透明，则为病理现象，见于肾脏、尿路和母畜生殖器官的疾病，如肾炎、尿道炎、膀胱炎、子宫蓄脓等。

1.4.2.3 黏稠度

由于马尿含有大量的黏液，因此呈黏性，有时如糖浆样，呈线状。多尿或尿液呈酸性时，马尿也可呈稀薄状。在化脓性膀胱炎和肾盂肾炎时，尿中可含有丝状物质。

1.4.2.4 气味

肉食兽的尿液具有冲刺性恶臭。容器中放置时间过长的尿液，以及膀胱炎病例的新鲜排尿，由于氨的产生而具有一种不愉快感觉的辛辣气味。

1.4.3 泌尿机能的检查

肾机能试验中，最重要的检查方法为自然排尿试验、水负荷试验、尿浓缩试验和食盐排出试验。

1.4.3.1　自然排尿试验

本试验的原理在于健康的肾脏能迅速适应血液成分的各种变化,因而日间与夜间的尿量与其性质不同,即健康肾脏的日间与夜间的尿量、比重及氯化钠的含量都不相同。

试验方法:照常给动物饲料和饮水,并用集尿器集尿,勿进行任何干扰。定时测定尿量和比重及氯化钠的含量。于一昼夜末,测定尿的总量和日夜尿量之比。临床上,健康马一昼夜的尿量平均等于一昼夜饮水量的 26%,牛平均等于23.2%。尿中氯化钠的含量:马为 0.618%,牛为 0.476%。

1.4.3.2　水负荷试验

在早晨空腹时,用导尿管或借自然排尿排空膀胱之后,用胃管给马灌入室温水 75 ml/kg 体重。4 h 之后给予病畜干饲料,并在一昼夜内注意每次排尿的时间,然后集尿并测定其量和比重。

健康马给予水负荷后 1～2 h 开始第一次排尿。一昼夜内排尿次数为 10～16次,尿量增多,比重下降,以给水后 2～3 h 比重最低;经 5～8 h 比重逐渐增高;经12～20 h 恢复正常。给予水负荷后 4～6 h,排出尿量为所给水量的 28.7%～54%,其余排出11.8%～24%。牛给予水负荷后 35～115 min 开始第一次排尿。最初尿量增多,比重降低;以后尿量逐渐减少,比重增高。一昼夜排出所给水量的48.5%～76.7%。做此试验时,须考虑血液循环器官、消化器官、肝脏等的状态及其他因素。

1.4.3.3　尿浓缩试验

此试验是可能获得肾脏机能的最完全和最真实的试验,可能判断肾脏浓缩尿的能力,即在最少的尿中排出废物的能力。

试验方法:于第一日早晨给家畜装好集尿器,照常给予饲料和饮水。观察排尿次数,并于每次排尿之后测定其量和比重。在次日早晨同一时间拘养家畜并给予干食饲养,完全限制饮水。观察排尿次数,按时取尿,测定每份尿量和其比重,并与第一日的测定结果进行比较。此时,健康家畜的尿量减少而比重增高,尿经4～8 h 达到最浓。在肾脏病理状态下,尿量减少而比重不增高。

1.4.3.4　食盐排出试验

试验方法:2～3 日内将家畜严格管理,给予食盐。然后每 2 h 取尿一次,连续2～3 日,并测定其排出的食盐量。健康肾脏于最初两昼夜排出全部食盐;如肾脏不健康,则食盐的排出时间延长。

1.5　消化系统的临床检查

消化系统包括消化管和消化腺两部分。消化管为食物通过的管道,起于口腔,经咽、食管、胃、小肠、大肠,止于肛门。消化腺为分泌消化液的腺体,其中唾液腺、肝和胰腺在消化管外形成独立器官,由腺管通入消化道,称为壁外腺;胃腺和肠腺位于胃壁和肠壁内,称为壁内腺。反刍动物的前胃有两大主要生理机能:一是通过胃的蠕动磨碎食物;二是依靠胃内容物中的细菌和纤毛虫进行微生物学的裂解与合成作用。

从口腔摄入的饲料和饮水,经咽和食管,被运送到胃肠,在消化液(内含各种消化酶)的消化作用下,将食物中各种复杂的营养成分分解为氨基酸、脂肪和葡萄糖等结构简单的物质,通过胃的血管吸收到体内,而将不能利用的、甚至有害的物质排出体外,以保证动物的生命活动。

消化系统最易遭受理化的、生物的(微生物、寄生虫等)刺激和侵害,引起解剖形态和生理机能的变化,不仅直接影响动物的营养、代谢和生长、发育,也影响机体其他器官、系统的机能活动。此外,其他器官系统的疾病也会累及消化器官。因此,各种家畜的消化系统疾病的发病率都比较高,在临床上检查该系统具有特别重要的意义。

1.5.1　食欲饮欲的检查

食欲是动物对采食饲料的需求,饮欲是动物对饮水的需求。饮食欲是动物健康与否的重要标志,常见病理变化如下。

(1)食欲减退　表现为不愿采食和采食量减少。由于各种致病因素作用,导致舌苔生成、味觉减退,反射性地引起胃的饥饿收缩受抑制。同时,与胃肠张力减弱、消化液分泌减少有关。食欲减退见于胃肠道疾病及热性病等。

(2)食欲废绝　表现为完全拒食饲料(注意,也有因情感因素而完全拒食的动物),长期拒食饲料表明疾病严重,且预后不良。食欲废绝见于各种高热性疾病、剧痛性疾病、中毒性疾病和急性胃肠道疾病。

(3)食欲不定　表现为食欲时好时坏,变化不定,见于慢性消化不良、牛创伤性网胃炎等。

(4)食欲亢进　表现为食欲旺盛,采食量多,甚至大量采食平时不喜爱吃的食物。食欲亢进主要由机体对能量需求增多,代谢加强,或对营养物质的吸收和利用障碍所致。其临床意义为:重病恢复期;肠道寄生虫病;代谢障碍性疾病,如糖尿病;内分泌疾病,如甲状腺功能亢进;机能性腹泻;营养物质吸收和利用障碍所引起的食欲亢进,尽管采食量增加,但病畜仍呈现营养不良,甚至逐渐消瘦。

(5)异嗜　异嗜即病畜采食平常不吃的物品,是食欲紊乱的症状之一,如采食污物、泥土、木片和塑料薄膜等。

异嗜现象常见于幼畜,多提示为营养代谢障碍和矿物质、维生素、微量元素缺乏性疾病的先兆。此外,也见于精神错乱(如狂犬病)、慢性胃卡他及胃肠道寄生虫病等。

(6)饮欲增加　表现为口渴多饮,常见于热性病、大失水、渗出过程(如胸膜炎、腹膜炎等)及猪食盐中毒、鸡食盐中毒等。

(7)饮欲减少　表现为不喜饮水或饮水量少,见于意识障碍的脑病及某些胃肠道疾病。

1.5.2　采食和咀嚼

(1)采食障碍　表现为采食不灵活,或不能用唇、舌采食,或采食时不能用唇、舌运动将饲料送至臼齿间进行咀嚼。采食障碍见于唇、舌、齿、下颌、咀嚼肌的直接损害。

(2)咀嚼障碍　表现为咀嚼缓慢、不敢用力,在咀嚼过程中突然停止,而将饲料吐出口外,然后又重新采食,严重的甚至完全不能咀嚼。咀嚼障碍常见于牙齿、颌骨、口黏膜、咀嚼肌及相关支配神经的疾病,如牙齿磨灭不整、齿槽骨膜炎、严重的口膜炎和破伤风等;空嚼、磨牙或有咬牙声见于某些疼痛性疾病。

1.5.3　吞咽

吞咽动作是一种复杂的生理性反射活动。这一活动是由舌、咽、喉、食管以及吞咽中枢和有关传入神经、传出神经共同协作来完成的。在上述这些器官中,如果某一器官的机能或结构发生异常改变,就可引起吞咽障碍。

(1)吞咽障碍的临床表现　患畜在进行吞咽时摇头、伸颈,或由鼻孔逆流出混有饲料残渣的唾液和饮水等。

(2)吞咽障碍的临床诊断意义　见于咽的疼痛性肿胀、异物和肿瘤等;见于食管阻塞、麻痹、狭窄和憩室等。

1.5.4　反刍

反刍动物采食之后,周期性地将瘤胃中的食物返回至口腔,重新咀嚼后再咽下的过程称为反刍。反刍通常在安静或休息状态中进行,一般在采食后 0.5～1.0 h开始,每昼夜进行 4～10 次,每次持续 20～60 min;对每个返回至口腔的食团进行30～50 次再咀嚼。羊的反刍动作较牛快。

反刍活动常因外界环境的影响而暂时中断。反刍障碍可表现为反刍迟缓、稀少和完全停止等,见于各种热性病和前胃疾病等。

1.5.5　口腔的检查

口腔的检查项目(用视诊、触诊和嗅诊)如下。

1.5.5.1　口唇的检查

(1)流涎　口腔中的分泌物流出口外,称为流涎。大量流涎是各种刺激使口腔分泌物增多的结果,可见于各种类型的口炎、咽炎或食道阻塞、中毒(如鸡有机磷中毒等)及某些药物的影响等。

(2)口腔气味　健康家畜的口腔一般无特殊臭味,仅在采食后可留有某种饲料的气味。口腔气味可分为:

①甘臭味,由长时间食欲废绝,口腔脱落上皮和饲料残渣腐败分解而引起,常见于口炎、肠炎和肠阻塞等。

②腐臭味,常见于齿槽骨膜炎、坏死性口炎等。

③烂苹果味,见于奶牛酮病。

(3)口唇　其病理状态及临床意义如下。

①口唇下垂,见于面神经麻痹、狂犬病、唇舌损伤和炎症、下颌骨骨折等。

②双唇紧闭,见于脑膜炎和破伤风、中毒等。

③唇部肿胀,见于口黏膜的深层炎症。

④唇部疹疱,见于牛和猪的口蹄疫等。

(4)口腔黏膜　应注意其颜色、温度、湿度及完整性等。

①颜色。正常颜色及其病理变化同眼结膜。

②温度。可以用手指伸入口腔中感知其温度。其温度与体温的意义基本一致。如仅口温高而体温并不高,常提示为口炎。

③湿度。健康家畜的口腔湿度适中。口腔过分湿润是唾液分泌过多或吞咽障碍的结果,见于口炎、咽炎、唾液腺炎、口蹄疫、狂犬病、破伤风等。口腔干燥见于热性病、脱水等。

(5)完整性　口腔黏膜出现红肿、发疹、结节、水泡、脓疱、溃疡、表面坏死、上皮脱落等,除见于一般性口炎外,也见于口蹄疫、痘疹、猪水泡病等。

1.5.5.2　舌的检查

应注意舌苔、舌色及舌的形态变化等。

(1)舌苔　由一层脱落不全的上皮细胞沉淀物、唾液和饲料残渣等组成的滑腻物质及舌面上的苔样物质,称为舌苔。舌苔是胃肠消化不良时所引起的一种保护性反应,可见于胃肠病和热性病。舌苔黄厚,表示病情重或病程长;舌苔薄白,表示病情轻或病程短。

(2)舌色　其意义同眼结膜。

(3)形态变化。

①舌硬化(木舌)。舌硬如木,体积增大,可见于牛放线菌病。

②舌麻痹。舌垂于口角外并失去活动能力,见于各型脑炎后期及饲料中毒

(如肉毒梭菌毒素)等。

③舌部囊虫结节。一般发生于舌下和舌系带两侧,有高粱米粒至豌豆大小的水泡样结节,是猪囊尾蚴病的特征。

④舌体咬伤。可因神经机能扰乱,如狂犬病、脑炎等而引起。

1.5.5.3　牙齿的检查

牙齿的检查应注意齿列是否整齐,有无松动、龋齿、过长齿、赘生齿和磨灭情况。

1.5.6　咽的检查

当动物发生吞咽障碍,尤其是伴随吞咽动作有饲料或饮水从鼻孔返流时,必须做咽的局部检查。

(1)外部视诊　注意吞咽动作及有无局部肿胀、头颈伸直等特异姿势。若有,则为咽喉部疾患。

(2)外部触诊　注意有无肿胀、热感和敏感性等。

(3)内部视诊　仅限于小动物与家禽。

1.5.7　食管的检查

检查食管常用视诊、触诊和探诊。视诊和触诊用于颈部食管的检查,探诊多用于胸肺部食管的检查。

1.5.7.1　食管视诊

颈部食管出现界限明显的局限性膨隆,见于食管阻塞或食管扩张。

1.5.7.2　食管触诊

注意感知有无肿胀和异物,注意内容物的硬度及有无波动感等。

1.5.7.3　食管探诊

(1)探诊的应用价值　食管探诊可用于探查病变部位。实际上在进行食管探诊的同时,也可做胃的探诊。首先用于对食管疾病和胃扩张的诊断,以确定食管阻塞、狭窄、憩室及炎症发生的部位,并可提示是否有胃扩张的可疑。借探管抽取胃内容物进行实验室检查,也可用探管投药或推移阻塞物以治疗疾病。

(2)探管的选择　应根据动物种类及大小选用不同口径及相应长度的胶管(通常称为胃管)。大家畜一般采用长为 2.0～2.5 m,内径为 10～20 mm,管壁厚度为 3～4 mm,软硬适中的橡胶探管。猪、羊、犬可用长为 90 cm,外径为8～12 mm 的弹性胶管。探管在使用前应用消毒液(0.1%新洁尔灭等)浸泡,并涂以润滑剂。

(3)探诊方法。

①动物要确实保定,一般取站立位保定,尤其要固定好头部。猪可用侧卧位保定。

②探管的送入。对于牛、羊、猪、犬等,常用开口器开口后自口腔送入探管。

在对马属动物进行食管探诊时,一手握住其鼻翼软骨,另一手将探管前端沿下鼻道底壁缓缓送入。

③咽部遇有抵抗时,不能强行推送。当探管前端到达咽腔时即感觉有抵抗,此时不要强行推送,可稍停并轻轻来回抽动探管。当引起动物吞咽动作时,应趁机送入探管。

④诱发吞咽,以利于送入探管。在进行探诊时,若动物不吞咽,则探管过咽较为困难,此时可用手捏压咽部或拨动舌头,以诱发吞咽动作。

⑤探管过咽后,应立即检查探管插入的位置(气管、食管等)。

⑥探管误入气管或折转时,应拔出重插。注意:探管不宜在鼻腔内多次扭转,以免引起黏膜破损出血。

⑦当发现鼻咽黏膜出血时,应暂停操作,并采取止血措施。

(4)探管插入位置的判定　判定探管插入的位置是非常重要的,如判定不准,将会带来严重后果,甚至会引起动物立即死亡。现根据临床实践判定探管插入的位置,见表1-3。

表1-3　探管插入位置的判定

判定内容	插入气管	插入食管	探管折转
吞咽动作	无	有	无
推动探管	无阻力	有阻力	有阻力
感觉气流	很强,与呼气一致,无异味	较弱,无规律,带酸臭味	无
现场判定	看不见、摸不着、吹得动、吸不住	看得见、摸得着、吹得动、吸得住	看不见、摸不着、吹不动、吸得住

(5)食管探诊的临床诊断意义。

①探管在食管内遇有抵抗,不能继续送入,见于食管阻塞。

②动物挣扎不安,伴有咳嗽,见于食管炎。

③推送探管有阻力,改用细探管后,可顺利送入,见于食管狭窄。

④推送探管有阻力,如仔细调转方向后,又可顺利通过,则提示有食管憩室的可能(因食管憩室多为一侧食管壁弛缓扩张所形成,探管前端误入憩室则不能后送,更换方向后方可继续进行)。

⑤探管入胃后,如有大量酸臭气体或黄绿色稀薄胃内容物从管口排出,则提示急性胃扩张(马、犬等)。

1.6　神经系统的临床检查

神经系统是机体各器官系统活动的主要协调机构,几乎对所有的生理机能都发挥协调作用,包括大脑、小脑、脑干、脊髓和周围神经等。神经系统的检查不仅对本系统的疾病,而且对其他系统的许多疾病,如某些中毒、代谢疾病、创伤、传染病、寄生虫病以及颅脑和椎管的占位性疾病等,都具有重要意义。

目前,兽医临床上对颅脑、脊髓和周围神经的直接检查还有一定的局限性,主要通过如下方式来诊断神经系统疾病。

①通过问诊和视诊,观察了解动物的行为、精神状态、姿势和步样。

②通过触诊,检查了解感觉神经的敏感度。

③依据动物神经机能的表现形式,判断是否为神经系统疾病引起的症状。

④必要时需要有选择地进行脑脊液穿刺诊断和实验室检查,如 X 线、CT、NMR、眼底镜和脑电波等辅助诊断。

1.6.1　头颅的检查

应注意其形态和大小的改变,温度、硬度以及有无浊音等。

(1)头颅部局限性隆突　可由局部外伤、脑和颅壁的肿瘤所致,也可见于鼻旁窦蓄脓。

(2)头颅部骨骼变形　多由骨质疏松、软化、肥厚所致,常提示某些骨质代谢障碍性疾病,见于骨软症、佝偻病、纤维素性骨炎等。

(3)头颅异常增大　见于先天性脑室积水。

(4)头颅局部增温　除由局部外伤、炎症所致外,常提示热射病、脑充血、脑膜炎和脑炎。

(5)头颅压痛　见于局部外伤、炎症、肿瘤及多头蚴病;也见于某些副鼻窦炎或积脓。

1.6.2　脊柱的检查

(1)脊柱变形　支配脊柱上下或左右的肌肉兴奋性不协调,常表现为脊柱上弯、下弯和侧弯。脊柱变形常见于脑膜炎、脊髓炎、破伤风以及骨软症或骨质剧烈疼痛性疾病。脊柱局部肿胀、疼痛常为外伤的结果。

(2)脊柱僵硬　脊柱呈现凝硬而不灵活的状态,见于破伤风、腰肌风湿病、肾炎、肾虫病等。

1.6.3　运动障碍

在大脑皮层的控制下,由运动中枢和传导径路以及外周神经元等部分共同协调,通过肌肉的收缩和舒张,牵引关节,产生运动。

1.6.3.1　运动中枢和传导径路

运动中枢和传导径路由锥体系统、锥体外系统和小脑系统三部分组成,彼此间具有密切的联系。

（1）锥体系统　锥体系统是从大脑皮层发出神经纤维，穿过延髓腹面的锥体后行到脊髓腹角附近的传出系统。其作用是控制各种由小组肌肉参与的精细复杂的随意运动。

（2）锥体外系统　锥体外系统是指脑高位中枢调节躯体运动的一种传出系统。其作用是调节肌肉的紧张性和引起大群骨骼肌的协调活动。

（3）小脑系统　小脑系统是脑的一部分。其作用是调节肌肉张力（小脑前叶）、精巧的随意运动（小脑后叶）和躯体平衡（绒球小结叶）。

1.6.3.2　运动障碍的检查

临床上主要应注意强迫运动、共济失调、痉挛等异常现象。

（1）强迫运动　强迫运动是指不受意识控制和外界环境影响而强制发生的有节律的运动，包括圆圈运动、盲目运动、暴进暴退等。

（2）共济失调　当小脑或锥体外系统病变时，动物的身体就容易失衡，主要是由于各个肌肉的收缩力正常，但肌肉群的动作不协调而引起的动物体位和各种运动的异常，包括体位平衡失调、体位运动失调等。

（3）痉挛　痉挛是肌肉（横纹肌）的不随意收缩，多由大脑皮层受刺激，脑干或基底神经节（指脑干基底部的神经根）受损伤所致。

①阵发性痉挛。阵发性痉挛指肌肉一阵阵地收缩与弛缓交替出现，是家畜最常见的一种痉挛现象。阵发性痉挛提示大脑、小脑、延髓或外周神经遭受侵害，见于病毒或细菌性脑炎、各种中毒（如士的宁中毒、有机磷中毒、食盐中毒、有毒植物中毒等）、代谢障碍（如低血钙、低血镁等）和循环障碍（如中风）等。

a. 纤颤，是单个肌纤维束的轻微收缩，而不扩及整个肌肉，不产生运动效应的轻微的痉挛。纤颤多由脊髓腹角细胞或脑干的运动神经核受刺激所致，见于热性病或某些传染病的发热期（如犬瘟热）、疼痛性疾病（如牛创伤性网胃心包炎）、神经兴奋性增强的疾病等（如恐惧）。

b. 震颤，是单个肌肉或肌群发生迅速、有节律性、细小的阵发性痉挛。震颤常为小脑或基底神经节受损伤的特征，见于中毒、过劳、衰竭、缺氧、危重病畜的濒死期等。

c. 惊厥（或搐搦），是高度的阵发性痉挛，并引起全身性激烈颤动的症状。惊厥见于胃肠破裂、中毒（如尿毒症）、青草搐搦（即低镁血症）等。

②强直性痉挛。强直性痉挛是指肌肉长时间、均等地持续收缩，而无弛缓或间歇的一种不随意运动。它提示大脑皮层机能受抑制，基底神经节受损伤，或脑干和脊髓的低级运动中枢受刺激。强直性痉挛常发生于一定的肌群，例如：牙关紧闭，由咬肌强直性痉挛所致；瞬膜突出，由眼肌痉挛所致；后头挛缩（头向后仰），由后头部肌肉强直性痉挛所致；直身挛缩（又称挺直性痉挛），是背伸肌痉挛、背腰部变为水平的症状；背弓反张（又称角弓反张），是背腰上方肌肉痉挛以致凹背的

症状;腹弓反张,是背腰下方肌肉痉挛以致拱背的症状;侧弓反张,是背腰一侧肌肉痉挛以致身体向一侧方弯曲的症状;鹿腹,是腹肌痉挛以致肚腹缩小的症状。强直性痉挛见于破伤风、中毒、脑炎、酮病和生产瘫痪等。

1.6.3.3　癫痫

癫痫由大脑无器质性病变而脑神经兴奋性增高,引起异常放电所致。其临床特征为强直-阵发性痉挛,同时伴有感觉与意识的暂时消失。癫痫在家畜中常见,曾见过猪、牛、马和猫的癫痫。因大脑皮质器质性变化而出现癫痫样症状者,称为症候性癫痫或癫痫样发作。癫痫见于脑病、中毒及代谢病等。

1.6.3.4　瘫痪(麻痹)

瘫痪是指动物的随意运动减弱或消失。动物骨骼肌的随意运动,借锥体系统和锥体外系统的运动神经元(上运动神经元)及脊髓腹角和脑神经运动核的运动神经元(下运动神经元)的协调作用而实现。因此,无论是上、下运动神经元的损伤,以致肌肉与脑之间的传导中断,还是运动中枢障碍,均可发生运动减弱或消失。瘫痪有如下四种分类方法。

(1)根据致病原因可分为器质性瘫痪和机能性瘫痪。

①器质性瘫痪,由运动神经的器质性疾病引起,见于脑脊髓丝虫病和脊椎骨骨折等。

②机能性瘫痪,运动神经不具有器质性变化,仅由其机能障碍引起,见于血液循环障碍或各种中毒性疾病等。机能性瘫痪在原发病治愈后(如生产瘫痪)有可能恢复。

(2)根据瘫痪的程度,可分为完全性瘫痪(肌肉运动机能完全丧失)和不完全性瘫痪(肌肉运动机能未完全丧失,随意运动减弱,但仍可进行不完全的运动,即轻瘫)。

(3)根据运动障碍部位的不同,可分为单瘫(瘫痪只侵及某一肌肉、肌群或肢体)、偏瘫(瘫痪侵及躯体一侧)和截瘫(躯体两侧对称部位的瘫痪)。截瘫在兽医临床上最为常见。

(4)根据神经系统损伤的解剖部位不同,可分为中枢性瘫痪和外周性瘫痪,见表1-4。

表1-4　中枢性瘫痪与外周性瘫痪的鉴别方法

鉴别内容	中枢性瘫痪	外周性瘫痪
肌肉张力	增强,呈痉挛性	降低,呈弛缓性
肌肉萎缩	缓慢,不明显	迅速,明显
腱反射	亢进	减弱或消失
意识障碍	常伴有	一般无

①中枢性瘫痪,由脊髓腹角细胞以上至大脑皮层各部位的疾患所致,也就是上位运动神经元损害引起的瘫痪。其特征是脑、脊髓不仅不能将冲动传递给下运动神经元,导致随意运动发生障碍,而且控制下运动神经元反射活动的能力也减弱或消失(失控),故脊髓反射机能反而增强,即瘫痪的肌肉紧张性增高,肌肉较坚实,腱反射亢进。由于瘫痪部位的肌肉受到刺激时可引起痉挛,故又称为痉挛性瘫痪或硬瘫。因其不影响损伤部位以下的脊髓侧角自主神经的正常活动,下运动神经元仍能向肌肉传送神经营养冲动,故瘫痪的肌肉不萎缩,或仅因长期不运动而产生失用性萎缩,萎缩的发展比较缓慢。此种瘫痪提示脑或脊髓损害,见于脑炎、脑出血、脑积水、脑软化、脑肿瘤及脑寄生虫等。中枢性瘫痪常伴有意识障碍。

②外周性瘫痪,为下运动神经元、脊髓腹角细胞、脊髓腹根或分布至肌肉的外周神经受损害的表现。其特征是肌肉的紧张性降低,软弱松弛(因失去营养冲动),又称为弛缓性瘫痪或软瘫;肌肉萎缩迅速、明显,又称为萎缩性瘫痪;肢体的活动范围增大,对外来力量的被动运动无抵抗,腱反射减弱或消失。外周性瘫痪一般无意识障碍,见于面神经、三叉神经、桡神经、坐骨神经、肩胛上神经等麻痹以及脊髓和外周神经受损等。

第2章 动物剖检技术

动物尸体(以下简称尸体)剖检技术是运用病理学以及其他相关学科的基本理论知识和技术,借助解剖学的方法检查死亡动物尸体的病理形态学变化,来研究疾病发生、发展的规律,进而诊断疾病的一种技术(或方法)。通过尸体剖检可以提高临床诊疗工作的质量,并及时验证畜禽生前诊断正确与否,从而避免临床诊疗工作的失误。在诊断传染病、寄生虫病、营养代谢病、中毒性疾病等群发病时,尸体剖检常常可迅速作出初步诊断,甚至可以确诊,或为进一步诊断提供重要线索。

2.1 剖检人员、时间、地点和器械

(1)剖检人员 动物剖检时,应有主检员1人、助检员2人、记录员1人,现场还可包括单位负责人以及有关人员,属法医学剖检应有司法公安人员以及纠纷双方法人代表;应避免其他闲杂人员;剖检人员既要注意防止病原的扩散,又要预防自身的感染。

(2)尸体剖检时间 应尽早进行剖检,动物死后体内将发生自溶和腐败,夏季尤为明显迅速,因动物死后自溶、腐败干扰病变辨认,影响剖检效果,故丧失剖检价值。冬季死亡的动物也应尽快进行剖检,因为尸体冻结后再融化,也可发生自溶、腐败,同时因红细胞溶解而导致组织被血红素污染,会影响检查效果。

应当在白天进行剖检,因为白天的自然光线能正确地反映器官组织固有的色泽;在夜间进行剖检时,人工光源可改变其颜色,使黄疸、脂肪变性和坏死等病理变化不易被辨认。紧急情况下,必须在夜间进行剖检时,光线要充足,对不能识别的病变,应暂时低温保存,留待次日观察。

(3)剖检设施和场地 剖检尸体,特别是剖检传染病尸体时,一般应在病理剖检室进行,以便消毒和防止病原扩散。有关高等院校、科研机构、兽医院等应设有室内剖检室,其场地应符合我国发布的环境保护法及兽医法规的规定。剖检场地应与畜舍、公共场所、住宅、水源地和交通要道保持一定距离。室内地面、墙壁适于刷洗消毒,并设有剖检台或吊车等,要求阳光充足、通风良好,必要时可安装空调。野外进行剖检应符合法规要求,保证人畜安全,防止疾病扩散,应选择距离畜群、居民区较远的地方。

(4)尸体剖检器械和药品。

①刀类。剥皮刀、解剖刀、检查刀、软骨刀、脑刀和外科刀。

②剪类。肠剪、骨剪、弯刃剪、尖头剪、钝头剪和外科剪。

③锯类。弓锯、双刃锯、骨锯和电动多用锯。

④斧、凿子、金属尺、探针、镊子、量筒、量杯、磨刀棒、棉花和纱布。

⑤防护准备。工作服、线手套、胶手套、工作帽、胶靴、围裙和防护眼镜。

⑥录像机、照相机和放大镜。

⑦常用药品。来苏儿、新洁尔灭、百毒杀、过氧乙酸、2%碘酒、70%酒精、福尔马林(40%甲醛水溶液)、高锰酸钾、草酸、生石灰等。

(5)剖检人员的防护　为保证剖检人员的健康,防止感染微生物和寄生虫,剖检人员要尽可能地采取各种防护手段。剖检者在剖检时要穿工作服,戴胶手套和线手套以及工作帽、口罩及防护眼镜,穿胶靴。剖检过程中要经常用低浓度的消毒液冲洗手套上和器械上的血液及其他分泌物、渗出物等。

当剖检不慎导致剖检人员产生外伤时,应立即停止剖检,并用碘酒消毒伤口后包扎。如果剖检后疑似出现炭疽等人畜共患烈性传染病,除局部用5%石炭酸消毒外,应立即到医院就诊治疗,并对现场进行彻底消毒。当液体溅入眼内时,迅速用2%硼酸水冲洗,并滴入抗生素、消炎杀菌的眼药水。剖检结束后,手套用消毒液浸泡洗涤,剖检者手臂用肥皂清洗数次,再用0.1%新洁尔灭清洗3 min以上。为除去手上的臭味,可用5%高锰酸钾清洗,再用3%草酸脱色;口腔可用2%硼酸水漱口;面部可用香皂清洗,然后用70%酒精擦洗口腔附近面部。

2.2　尸体运输及处理

为防止病原扩散和保障人与动物健康,在整个尸体剖检过程中必须保持清洁并注意严格消毒。尸体运送前,所有参与人员均应穿工作服、胶鞋、戴口罩、风镜及手套;运送尸体应用特制的运尸车(此车的内壁衬钉有铁皮,可以防止漏水)运送,装车前在车底部铺一层石灰,并将尸体的各天然孔用蘸有消毒药液的湿纱布、棉花严密填塞,以免流出粪便、分泌物等污染周围环境。应将尸体躺过的地面表层土铲去,连同尸体一起运走,并用消毒药液喷洒消毒;运送尸体的用具、车辆应严加消毒,工作人员的被污染的手套、衣物、胶鞋等也应进行消毒。剖检完毕后,应根据疾病的种类妥善处理,基本原则是防止疾病扩散和尸体成为疾病的传染源,最理想的是按国家标准《畜禽病害肉尸及其产品无害化处理规程》进行处理。结合我国以及现实生产中的实际情况,选择掩埋法、焚烧法或发酵法。

2.2.1　掩埋法

该方法比较简便,在实际工作中比较常用,但不够可靠。掩埋地点的选择:远离住宅、农牧场、水源、草原及道路的偏僻地方;土质宜干而多孔(沙土最好),这样可加快尸体腐败和分解;地势高,地下水位低,并避开山洪的冲刷。

掩埋方法:坑的长度和宽度以能容纳侧卧的尸体为宜,首先在掩埋坑底铺2～5 cm厚的石灰,将尸体放入坑内,并将污染的土层、捆尸体的绳索一起抛入坑内,然后再铺2～5 cm厚的石灰,最后填土夯实。也可先在坑内放一层0.5 m厚的蒿秆(干树枝、木柴或木屑等),然后将其点燃,趁火旺时抛入尸体,待火熄灭时,填土夯实。

2.2.2　焚烧法

该方法是毁灭尸体最彻底的方法,但由于耗费较大,且损失畜产品,故不常用。焚烧应在焚尸坑或焚炉中进行。焚尸坑有以下三种。

(1)十字坑法　按十字形挖两条沟,沟长2.6 m,宽0.6 m,深0.5 m。在两条沟交叉处的坑底堆放干草和木柴,在沟沿上横架数条粗湿木棒,并将尸体放在架上,在尸体的周围及上面再放上木柴;然后在木柴上倒煤油,并压上砖瓦或铁皮,从下面点火,直到把尸体烧成黑炭为止。最后把它掩埋在坑内。

(2)单坑法　挖一条长2.5 m、宽1.5 m、深0.7 m的坑,将取出的土堆在坑沿的两侧。坑内用木柴架满,在坑沿上横架数条粗湿木棒,并将尸体放在架上,以后处理如上法。

(3)双层坑法　先挖一条长宽各为2 m、深0.75 m的大沟,在沟的底部再挖一条长2 m、宽1 m、深0.75 m的小沟,在小沟沟底铺干草和木柴,两端各留出18～20 cm的空隙,以便吸入空气,将尸体放在小沟沟沿横架上,以后处理如上法。

2.2.3　发酵法

尸体的发酵处理就是将尸体抛入专门的尸坑内,利用生物热的方法将尸体发酵分解以达到消毒的目的,这种专门的尸坑是贝卡里设计出来的,所以,又称贝卡里坑。发酵地点的选择:远离住宅、农牧场、草原、水源及道路的僻静地方。发酵方法:尸坑为圆井形,坑深为9～10 m,直径为3 m,坑壁及坑底用不透水材料做成,可用水泥或涂以防腐油的木料。坑口高出地面约30 cm,坑口有盖,盖上有小的活门,平时落锁,且坑内有通气管。如果条件许可,坑上可修一小屋。可以将坑内尸体堆到距坑口1.5 m处,经3～5个月后,尸体完全腐败、分解,此时可以挖出作肥料。

如果土质干硬,地下水位又低,加之条件限制,则可以不用任何材料,直接按上述尺寸挖一条深坑即可;然而需在距坑口1 m处用砖或石头向上砌一层坑缘,上面盖上木盖,坑口应高出地面30 cm,以免雨水流入。

2.3　尸体检查程序

　　尸体检查是剖检技术的核心,是尸体剖检工作的重要组成部分,对病理学诊断具有重要意义。尸体剖检的基本技术包括动物尸体的解剖顺序和方法。尸体剖检技术为检查尸体病变提供方便,是尸体病理检查顺利进行以及提高尸体剖检工作质量的基础。检查时应遵循一定的程序,特别是初学者,应当掌握检查的基本方法和重要原则。

　　在剖检之前,剖检人员,特别是主检者应对死亡动物的发病经过、临床症状、流行病学、防治经过等进行调查了解,必要时可亲自对病畜禽群进行一般临床检查,同时可观察畜禽舍的周围环境、防疫卫生、饲养管理、饲料质量等情况。但病理工作者的主要任务还是将尸体剖检所获得的资料作为分析判断的依据,不应将病史调查、畜主和管理人员主诉的情况作为分析判断的依据。

2.3.1　病理解剖的基本原则

　　(1)根据动物解剖和生理学特点,确定剖检术式的方法和步骤。

　　(2)剖检方法要便于操作,适于检查,遵循一定程序,但也应注意不要墨守成规,术式服从检查,灵活运用。

　　(3)剖检者应按常规步骤系统全面地进行操作,不应草率从事,切忌主观臆断,随意改变操作规程。

　　(4)剖检前应对剖检对象的生前临床流行病学、饲养管理情况等进行了解。

　　(5)疑为患炭疽的动物不准剖检。

　　目前,许多资料关于尸体剖检术式和检查的报道内容不一,有的把解剖术式和尸体检查合并叙述,有的则分开叙述。尽管如此,其目的是一致的,都是为了提高剖检工作的质量和效果。但在尸体解剖实施过程中,都是同时进行检查,往往也是同时完成。不同种类动物的解剖差异主要是消化道的解剖不同,如马与反刍动物、猪、禽类等。

2.3.2　尸体常见的变化

　　动物死亡后,有机体变为尸体。因动物体内存在着酶和细菌的作用以及外界环境的影响,因此,动物死亡后逐渐发生一系列的变化。在检查、判定大体病变前,正确地辨认尸体的变化,可以避免把某些死后变化误认为生前的病理变化。尸体的变化有多种,其中包括尸冷、尸僵、尸斑、尸体自溶、尸体腐败、血液凝固等。

2.3.2.1 尸冷

尸冷是指动物死亡后,尸体温度逐渐降至外界环境温度水平的现象。尸冷之所以发生,是因为机体死亡后,新陈代谢停止,产热过程终止,而散热过程仍在继续进行。在动物死后的最初几个小时,尸体温度下降的速度较快,以后则逐渐变慢。通常在室温条件下,一般以 1 ℃/h 的速度下降,因此,动物的死亡时间在数值上大约等于动物的体温与尸体温度之差。尸体温度下降的速度受外界环境温度的影响,如冬季将加速尸冷的过程,而夏季将延缓尸冷的过程。检查尸体的温度有助于确定死亡的时间。

2.3.2.2 尸僵

动物死亡后,肢体由于肌肉收缩而变硬,四肢各关节不能伸屈,使尸体固定于一定的形状,这种现象称为尸僵。动物死后最初由于神经系统麻痹,肌肉失去紧张力而变得松弛柔软。但经过很短时间后,肢体的肌肉即行收缩而变为僵硬。

尸僵开始的时间因外界条件及机体状态不同而异。大、中动物一般在死后 1.5～6 h 开始发生,10～24 h 最明显,24～48 h 开始缓解。尸僵从头部开始,然后是颈部、前肢、后躯和后肢的肌肉,逐渐发生,此时各关节因肌肉僵硬而被固定,不能屈曲。解僵的过程也是从头、颈、躯干到四肢。除骨骼肌以外,心肌和平滑肌同样可以发生尸僵。在死后 0.5 h 左右,心肌即可发生尸僵,尸僵时心肌的收缩使心肌变硬,同时可将心脏内的血液驱出,其中以肌层较厚的左心室表现得最明显,而右心室往往残留少量血液。经 24 h,心肌尸僵消失,心肌松弛。若心肌变性或心力衰竭,则尸僵可不出现或不完全,这时心脏质地柔软,心腔扩大,并充满血液。因此,发生败血症时,尸僵不完全。富有平滑肌的器官,如血管、胃、肠、子宫和脾脏等,平滑肌僵硬收缩,可使腔状器官的内腔缩小,组织质地变硬。当平滑肌发生变性时,尸僵同样不明显,如患败血症的脾脏,因为平滑肌变性使脾脏质地变软。

尸僵出现的早晚、发展程度以及持续时间的长短与外界因素和自身状态有关。例如,周围气温较高时,尸僵出现较早,解僵也较迅速;寒冷时,则尸僵出现较晚,解僵也较迟。肌肉发达的动物的尸僵要比消瘦动物明显。死于破伤风的动物在死前肌肉运动较剧烈,尸僵发生得快而且明显。死于败血症的动物尸僵不显著或不出现。另外,如尸僵提前,说明动物是急性死亡并有剧烈的运动或高热疾病;如尸僵时间延缓、拖后,尸僵不完全或不发生尸僵,应考虑生前有恶病质或烈性传染病,如炭疽等。

2.3.2.3 尸斑

尸体倒卧侧组织器官的坠积性淤血现象称为尸斑。动物死亡后,由于心脏和大动脉的临终收缩及尸僵的发生,血液被排挤到静脉系统内,并由于重力作用,血液流向尸体的低下部位,使该部位血管充盈血液,呈青紫色,这种现象称为坠积性淤血。

一般在死后 1~1.5 h 即可能出现尸斑。尸斑坠积部的组织呈暗红色。初期，用手指按压该部可使红色消退，并且这种暗红色的尸斑可随尸体位置的变更而改变。随着时间的延长，红细胞发生崩解，血红蛋白溶解在血浆内，并通过血管壁向周围组织浸润，结果将心内膜、血管内膜及血管周围组织染成紫红色，这种现象称为尸斑浸润，一般在死后 24 h 左右开始出现。改变尸体的位置，尸斑浸润的变化也不会消失。检查尸斑对死亡时间和死后尸体位置的判定有一定的意义。

临床上应将尸斑与淤血和炎性充血加以区别。淤血发生的部位和范围一般不受重力作用的影响，如肺淤血或肾淤血时，两侧的表现是一致的，而且肺淤血时还伴有水肿和气肿。炎性充血可出现在身体的任何部位，局部还伴有肿胀或其他损伤。而尸斑则仅出现于尸体的低下部，除重力因素外，不受其他因素影响，也不伴发其他变化。

2.3.2.4 尸体自溶和尸体腐败

尸体自溶是指动物体内的溶酶体酶和消化酶，如胃液、胰液中的蛋白水解酶，在动物死亡后，发挥其作用而引起的自体消化过程。自溶过程中细胞组织发生溶解，表现最明显的是胃和胰腺，胃黏膜自溶时表现为黏膜肿胀、变软、透明等，极易剥离或自行脱落和露出黏膜下层，严重时自溶可波及肌层和浆膜层，甚至可出现死后穿孔。

尸体腐败是指尸体组织蛋白质由于细菌作用而发生腐败、分解的现象，主要是由于肠道内的厌氧菌的分解、消化作用，或血液、肺脏内的细菌的作用，也有从外界进入体内的细菌的作用。在腐败过程中，体内复杂的化合物被分解为简单的化合物，并产生大量的气体，如氨、二氧化碳、甲烷、氮气、硫化氢等。因此，腐败的尸体内含有大量的气体，并产生恶臭。

尸体腐败的变化可表现为以下几个方面：

(1)死后臌气 这是胃肠内的细菌繁殖，胃肠内容物腐败发酵、产生大量气体的结果。这种现象在胃肠道表现明显，尤其是反刍兽的前胃和单蹄兽的大肠，表现得更加明显。此时，气体可以充满整个胃肠道，使尸体的腹部膨胀，肛门突出且哆开，严重臌气时可发生腹壁或横膈破裂。死后臌气应与生前臌气相区别，生前臌气压迫横膈使其前伸，造成胸膜腔内压升高，引起静脉血回流障碍，呈现淤血现象，尤其是头、颈部，浆膜面还可见出血，而死后臌气则无上述变化。死后破裂口的边缘没有生前破裂口的出血性浸润和肿胀。在肠道破裂口处有少量肠内容物流出，但没有血凝块和出血，只见破裂口处的组织撕裂。

(2)肝、肾、脾等内脏器官的腐败 肝脏的腐败往往发生较早，变化也较明显。此时，肝脏体积增大，质地变软，呈污灰色，肝包膜下可见到小气泡，切面呈海绵状,从切面可挤出混有泡沫的血水,这种变化称为泡沫肝。肾脏和脾脏发生腐败时也可见到类似肝脏腐败的变化。

(3)尸绿 动物死后尸体变为绿色,称为尸绿。由于组织分解产生的硫化氢与红细胞分解产生的血红蛋白和铁相结合,形成硫化血红蛋白和硫化铁,致使腐败组织呈污绿色,这种变化在肠道表现得最明显。临床上可见到动物的腹部出现绿色,尤其是禽类,常见到腹底部的皮肤为绿色。

(4)尸臭 尸体腐败过程中产生大量带恶臭的气体,如硫化氢、己硫醇、甲硫醇、氨等,致使腐败的尸体具有特殊的恶臭气味。

通过尸体的自溶和腐败,可以使死亡的动物逐步分解、消失。但尸体腐败的快慢受周围环境的温度和湿度及疾病性质的影响。在适当的温度、湿度下或死于败血症和有大面积化脓性炎症的动物,尸体腐败较快且明显。在寒冷、干燥的环境下或死于非传染性疾病的动物,尸体腐败缓慢且微弱。尸体腐败可使生前的病理变化遭到破坏,这样会给剖检工作带来困难,因此,病畜死后应尽早进行尸体剖检,以免死后变化与生前的病变发生混淆。

2.3.2.5 血液凝固

动物死后不久还会出现血液凝固,即心脏和大血管内的血液凝固成血凝块。动物死后血液凝固较快时,血凝块呈一致的暗红色;而血液凝固缓慢时,血凝块分成明显的两层,上层为主要含血浆成分的淡黄色鸡脂样凝血块,下层为主要含红细胞的暗红色血凝块,这是由血液凝固前红细胞沉降所致。血凝块表面光滑、湿润,有光泽,质柔软,富有弹性,并与血管内膜分离。血凝块与血栓不同,应注意区别。动物生前如有血栓形成,由于血栓的表面粗糙,质脆而无弹性,并与血管壁有粘连,不易剥离,因而硬性剥离可损伤内膜。静脉内有较大的血栓,可同时见到黏着于血管壁上呈白色的头部(白色血栓)、红白相间的体部(混合血栓)和全为红色的游离的尾部(红色血栓即血凝块)。血液凝固的快慢与死亡的原因有关。由于败血症、窒息及一氧化碳中毒而死亡的动物,其血液凝固往往不良。

2.3.3 病理解剖的顺序

一般剖检都是按先体表后体内的顺序,通常的剖检顺序如下。

(1)尸体的外部检查 观察被毛、皮肤、结膜、天然孔状态,检查动物的营养状况、有无体外寄生虫等。

(2)尸体的内部检查

①剥皮和皮下检查。

②腹腔的剖开和腹腔脏器的视检。

③胸腔的剖开和胸腔脏器的视检。

④腹腔器官的采出。

⑤胸腔器官的采出。

⑥口腔颈部器官的采出。

⑦颈部、胸腔和腹腔脏器的检查。

⑧骨盆腔脏器的采出和检查。

⑨颅腔剖开、脑的取出和检查。

⑩鼻腔剖开和检查。

⑪脊椎管的剖开、脊髓的取出和检查。

⑫肌肉和关节的检查。

⑬骨和骨髓的检查。

上述只是参考程序,剖检者可根据病理解剖原则和现场实际情况,采用灵活可行的尸体剖检程序,可参考附录2。

2.4　尸体剖检文件

尸体剖检文件是宝贵的档案材料,应包括剖检记录、剖检报告和剖检诊断书等。尸体剖检文件是疾病综合诊断的组成部分之一,是诊断疾病、病理学科学研究的文献资料,可作为业务行政上的重要材料和法律依据资料,在学术上通称为文献资料,而文件可具有法律效应。因此,尸体剖检记录实为兽医管理干部和兽医人员的重要科技档案。

尸体剖检文件可分为文字记录和图像记录。剖检记录的原则与要求:记录的内容要如实地反映尸体的病理变化,要真实可靠,不得弄虚作假,要求内容力求完整详细,重点详写,次点简写,文字记录简练并应在剖检当时进行,不可在事后凭记忆追记,且记录的顺序与剖检的顺序相同。

2.4.1　剖检记录的叙述部分

剖检记录的叙述部分是指将在剖检过程中主检者所观察到的一切异常现象真实地以口述的方式叙述,记录员用文字记录下来的部分,一般包括畜主、动物种类、品种、编号、年龄、性别、毛色、特征、用途、营养、发病时期、死亡日期、剖检日期、剖检人员(含主检人、助检人和记录者)、其他现场人等。临床摘要包括主诉、病史摘要、发病经过、主要症状、临床诊断、治疗经过、流行病学情况、实验室各项检查结果等。

2.4.2　病理变化记录

病理变化记录包括外部视检和内部剖检以及各器官的检查。实验室检查结果包括细菌学、免疫学、寄生虫学、病理组织学和毒物学检查结果。

病理变化记录既应记载眼观病变位置、大小、重量、体积或容积、形状、表面性状、颜色、湿度、透明度、切面状况、质地和结构、气味等，又要详细记录光学显微镜与电子显微镜下病理组织学、病理组织化学、病理免疫组织化学的观察结果。

2.4.3　尸体剖检记录方法

尸体剖检工作是一项专业性很强的技术工作，要求从事剖检工作者除应具有较高的兽医专业理论基础外，还要有一定的临床工作经验，特别是通晓病理学科的基本理论和基本技能，对基本病理过程、常见病理变化能熟练地掌握和运用。此外，还应具有一定的文学素养。尽量以客观的方式进行病变的描述，切忌用病理学术语或学术名词来代替病变的描述。对每例剖检的尸体进行病变的描述，关键是揭露其每个器官病变的特殊性，因此，剖检者不应简单从事，急于求成。对主要病变或用文字难以描述时，可用绘图方法记录或用录像机或照相机进行摄影。此外，所有病变的发生、蔓延的途径及结局，都应在记录上反映出来。对成对的器官可做一般描述，然后对其中的特殊变化加以描述。对皮肤、消化道、肌肉等器官的病变描述，要指明其病变的位置所在，如颈部、头部的皮肤或皮下部位；再如贲门部、幽门部、有腺部、无腺部以及十二指肠的初段、中段、末段；对于淋巴结，说明哪个部位的淋巴结，如颈下颌淋巴结、颈前淋巴结等。

总之，病变的描述要具体，且详细地说明所在的位置。为了节省时间和避免烦琐，同样病变在一个器官的不同部位时，可用"同前记"的字样。对无肉眼可见变化的器官一般用"无肉眼可见变化""未发现异常"或"未见异常"等描述，一般不用"正常""无变化""无病变"等名词，因为无肉眼可见变化，不一定说明该器官无病变。

一般剖检记录与剖检同时进行，即随着剖检者在检查中的口述进行记录，所以，正确、系统的剖检程序和方法是写好剖检记录的条件之一，这样可以不会发生漏检，确保尸体剖检记录的全面性和真实可靠性。动物病理检查报告样式如表2-1所示。

表 2-1　动物病理检查报告

共　　页　　　　　　　　　　　　　　　　　　　病理编号 No.

动物类别		性　　别		品　　种	
年　　龄		颜　　色		特　　征	
畜主姓名		发病时间	年　月　日	死亡时间	年　月　日
畜主地址		营养状况		用　　途	
剖检地点		剖检时间	年　月　日	辅助检验	
主检人		助检人		记录员	
畜主电话		临床诊断			

临床摘要(包括主诉、病史摘要、发病经过、主要症状、临床诊断、治疗经过、流行病学情况):
剖检病理变化(包括外部视检和内部剖检以及各器官的检查):
病理组织学检查:
实验室各项检查结果(包括细菌学、免疫学、寄生虫学、毒物学检查等,附化验单):

主检人签字:　　　　　　　　　　　　　　　　　　　年　月　日

2.5　病料采取、保存与寄送

尸体剖检的目的是对疾病作出正确的诊断,但有许多病例在剖检后,仅根据肉眼观察难以确诊,需要在实验室做进一步的检查,如进行病理组织学、细菌学、病毒学、血清学、毒物学等方面的检查。因此,剖检人员正确地掌握送检材料的选取、保存和寄送方法具有重要的意义。现就有关要求介绍如下。

2.5.1　病料的采取与保存

解剖前应进行检查,凡发现动物(包括马、牛、羊、犬等)急性死亡的,绝不能随便解剖。未解剖之前,必须在末梢血管采血(或局部解剖采脾)作涂片,检查是否有炭疽杆菌。操作时应特别注意,勿使血液污染环境,防止病原菌传播和感染人体。当确定不是炭疽时,方可进行剖检。

剖检时,采取有病变的脏器或组织并将其送往实验室,以便证明其病因。采取病料须在患畜死后立即进行,最好不超过 6 h,否则时间过长,肠内侵入其他细菌,致使尸体腐败,影响病原菌的检出。刀、剪、镊子等用具可煮沸消毒 30 min,使用前,最好用酒精棉进行擦拭,并在火焰上灼烧一下;器皿(玻璃制品、陶制品等)在高压灭菌器内或干热灭菌器内灭菌,或放于 0.5%~1% 碳酸氢钠水中煮沸;软木塞或橡皮塞置于 0.5% 石炭酸水溶液中煮沸 10 min。载玻片应在 1%~2% 碳酸氢钠水溶液中煮沸10~15 min,水洗后,再用清洁纱布擦干,将其保存在酒精、乙醚等中备用。注射器和针头放于清洁水中煮沸 30 min 即可。必须按照无菌操作方式采取病料;采取一种病料即使用一套器械,并将取下的病料分别置于灭菌容器中,应将多种病料或多头家畜的病料分别置于灭菌容器中,绝不可将多种病料或多头家畜的病料混放在一个容器内。

病变的检查应在病料采完后进行,以防所采的病料被污染,影响检查结果。需要采取的病料应按传染病的种类适当选择。当难以估计是哪种传染病时,应采取有病变的脏器和组织;但对于心血、脾、肝、肾、肺及淋巴结等,不论有无肉眼可见的病变,一般均应采取。

2.5.1.1 各种脏器组织材料的采取方法

(1)脓汁及渗出液 用灭菌注射器抽取未破溃的脓肿深部的脓汁,置于灭菌的细玻璃管中,然后将两端熔封,用棉花包好后放入试管中;也可直接用注射器采取后放入试管中。如为开放的化脓灶或鼻腔时,则可用无菌棉签浸蘸后,放在灭菌试管中。

(2)淋巴结及内脏 在淋巴结、肺、肝、脾及肾等有病变的部位各采取 1~2 cm³ 的小方块,分别置于灭菌试管或平皿中。若为供病理组织切片的材料,则应将典型病变部分及相连的健康组织一并切取,组织块的大小为每边 1~2 cm,同时要避免使用金属容器,尤其是当病料用于色素检查时(如马传染性贫血病、马脑炎及血孢子虫病等),更应注意。

(3)血液 以血清为检验材料时,可无菌抽取被检家畜血液 10~20 ml(取时防止发生溶血),并置于灭菌试管中,待血液凝固(经 1~2 日)析出血清后,将血清置入另一试管中。为了防腐,可于每毫升血清中加入 3%~5% 石炭酸水溶液 1~2 滴;也可将采血的原试管送检。采取全血 10 ml,立即注入盛有 5% 枸橼酸钠溶液 1 ml 的灭菌试管中,搓转混合片刻后即可。采取死亡动物的心血时,通常在右心室进行,先用烧红的铁片烫烙心肌表面,再用灭菌注射器在烫烙处插入,吸取血液,然后置于灭菌试管中。

(4)乳汁　先用消毒药水洗净乳房(取乳汁者的手也应事先消毒),并把乳房附近的毛刷湿,弃去最初所挤的3～4股乳汁,然后采集10 ml左右乳汁,置于灭菌试管中。若仅供显微镜直接染色检查,则可向其中加入0.5%福尔马林溶液。

(5)胆汁　先用烧红的刀片或铁片烙烫胆囊表面,再将灭菌吸管或注射器刺入胆囊内吸取胆汁,并盛于灭菌试管中。

(6)肠　用烧红的刀片或铁片将欲采取的肠表面烙烫后穿一个小孔。持灭菌棉签插入肠内,擦取肠道黏膜及其内容物,然后将棉花置于灭菌管内;也可将肠内容物直接收入容器内;还可用线扎紧一段肠道(7～10 cm)的两端,然后在两线外稍远处切断,放于灭菌容器中。采取肠后应急速送检,不得迟于24 h。

(7)皮肤　取一块大小为10 cm×10 cm的皮肤,保存于30%甘油磷酸盐缓冲液、10%饱和盐水或10%福尔马林溶液中,或不加保存液直接放在灭菌的密闭容器中。

(8)流产胎儿　将流产后的整个胎儿用塑料薄膜、油纸或数层不透水的油纸包紧,装入木箱内,送往实验室。

(9)小家畜及家禽　将整个尸体包入不透水的塑料薄膜、油纸或油布中,装入木箱内,送往实验室。

(10)管骨　可整个送检,但不要损伤其两端。用0.1%升汞液或5%石炭酸水浸湿的纱布或麻袋片将其包上;或将食盐洒在管骨上,再用麻袋片包上,装入木箱内,送往实验室。

(11)脑及脊髓　如采取脑、脊髓做病毒检查,可将脑、脊髓浸入50%甘油磷酸盐缓冲液中或将整个头部割下,包入浸过0.1%升汞液的纱布或油布中,装入木箱或铁桶中送检。

(12)尿　按照无菌操作方式用导管采取患畜尿液20～30 ml,并立即送检。

(13)显微镜检查材料　在剖检取病料的同时制备镜检材料。液体材料如血液、稀薄的脓汁及黏液等,可用铂金耳、玻片等进行采取,放在清洁载片上制成涂片。脏器、组织等较致密的材料最好制成触片。结节及黏稠的脓汁可做成压片。制成的涂片、触片等在空气中自然干燥后,使其涂面彼此相对,中间夹火柴棍或厚纸片,然后用细线缠住,并用纸包好。每份病料制片应不少于2张。制成的每张片上应注明号码,并另附说明。

注意事项:

①取样要全面且具有代表性,能显示病变的发展过程。在同一块组织中应包括病灶和正常组织两个部分,在较大而重要的病变处,可分别在不同部位采取组织多块,以代表病变各阶段的形态变化。各种疾病病变部位不同,选取病理材料时也不完全一样。

②遇病因不明的病例时，应多选取组织，以免遗漏病变。有病变的器官或组织，要选择病变显著部分或可疑病灶。

③样本应包括器官的重要结构部分，如胃、肠应包括从浆膜到黏膜各层组织，且能看到肠淋巴滤泡；肾脏应包括皮质、髓质和肾盂；心脏应包括心房、心室及其瓣膜各部分。

④选取病理材料时，切勿挤压或损伤组织。切取组织块所用的刀、剪要锋利，切取组织块时必须迅速而准确。为保持组织完整、避免人为的变化，即使肠黏膜上沾有粪便，也不得用手或其他用具刮抹。对柔软菲薄或易变形的组织如胃、肠、胆囊、肺以及水肿的组织等的切取，更应注意。为了使胃肠黏膜保持原来的形态，对小动物可将其整段肠管剪下，不加冲洗或挤压，直接投入固定液内。组织块在固定前最好不要用水冲，非冲不可时，只可以用生理盐水轻轻冲洗。为了防止组织块在固定时发生弯曲、扭转，对易变形的组织，如胃、肠、胆囊等，切取后将其浆膜面向下，平放在稍硬厚的纸片上，然后徐徐浸入固定液中。对于较大的组织片，可将两片细铜丝网放在其内、外两面并系好，再行固定。

⑤选取的组织材料的厚度不应超过 4 mm，以便迅速固定。其面积应不小于 1.5 cm²，以便尽可能全面地观察病变。组织块的大小：通常长、宽为 1~1.5 cm，厚度为 0.4 cm 左右，必要时组织块的大小可增大到 1.5~3 cm，但厚度不宜超过 0.5 cm，以便容易固定。尸检采取标本时，可先切取稍大的组织块，待固定几小时后，切取镜检组织块时再切小、切薄。修整组织的刀要锋利、清洁，切块时最好用硬度适当的石蜡做成的垫板（可用组织包埋用过的旧石蜡制作垫板）或用平整的木板。类似的组织应分别置于不同的瓶中或切成不同的形状。例如，可在十二指肠组织块一端剪一个缺迹，空肠剪两个缺迹，回肠剪三个缺迹等，并加以描绘，注明该组织在器官上的部位，或用大头针插上编号，便于以后辨认。

2.5.1.2　细菌、病毒等实验室诊断病料的采集与保存

若要运送样本至外单位进行检查，剖检者应将采集的材料作初步处理，并附上详细说明，方可寄送。为了使结果可靠，采集病原材料等应在病畜死后尽早进行，夏天不超过 24 h，冬天可稍长一些。同时，各种材料的采集最好在剖开胸腹腔后、未取出脏器之前，以免材料受污染而影响检查结果。

在运送材料时，应说明该动物的饲养管理情况、死亡日期与时间、病料采集日期与时间、申请检查的目的、病料性状及可疑疾患等。若疑为传染病，应说明家畜的发病率、死亡率及剖检所见。

（1）细菌学检查材料的采集　细菌学检查材料的采集要求无菌操作，以避免污染。在实际工作中不能做到无菌操作时，最好取新鲜的整个器官或大块的组织及时送检。在剖检时，因器官表面常被污染，故在采集病料之前，应先清洁及杀灭器官表面的杂菌。在切开皮肤之前,局部皮肤应先用来苏儿消毒;采取内脏时,不要触及其他器官。如果当场进行细胞培养,可将调药刀在灯上烤至红热,用它烧灼取材部位,使该处表层组织发焦,然后立即取材接种。

①血液(心血)。用毛细吸管或 20 ml 注射器穿过心房,刺入心脏内。心血抽取困难时可以挤压肝脏。

全血:用 20 ml 无菌注射器吸取 5%柠檬酸钠溶液 1 ml,然后从静脉采血 10 ml,混匀后注入灭菌试管或小瓶内。

血清:以无菌操作从静脉吸取血液,将血液置于室温中凝固 1～2 h,然后置于 4 ℃过夜,使血块收缩,将血块自容器壁分离,可获取上清液,即血清部分。或者将采取的血液置于离心管中,待完全凝固后,以 3000 r/min 的速度离心 10～20 min,也可获取大量的血清,然后将血清分装保存。若血清很快即用于检测,则保存于 4 ℃冰箱中;若待以后检测,则保存于－20 ℃或－70 ℃低温冰柜中。

血液涂片:涂血片的载玻片应先用清洗液浸泡,然后用水洗净后放入 95%酒精中,干燥后备用。可用涂血片在耳尖采血。将推片与载玻片成 30°角接触,使标本液在两片之间迅速散开,按上述角度在载玻片上轻轻匀速地自右向左移动,至标本液完全均匀地分布于载玻片上。涂片时应操作轻巧,以免损伤细胞。涂片要求薄而匀。一般用力轻,推移快,则涂片多较厚;用力重,推移慢,则涂片较薄。涂片后最好待其自然干燥。

②实质脏器。用无菌用具采取组织块放于灭菌试管或广口瓶中,采取的组织块大小约为 2 cm² 即可。若不是当时直接培养而是外送检查,则组织块要大些;要注意将各个脏器组织分别装于不同的容器内,避免相互污染。

③胸腹水、心囊液、关节液及脑脊髓液。以消毒的注射器和针头吸取,分别注入经过消毒的容器中。

④脓汁和渗出物。脓汁和渗出物用消毒的棉花球采取后,置于消毒的试管中运送。检查大肠肝菌、肠道杆菌等时可结扎一段肠道送检;或先烧灼肠浆膜,然后自该处穿破肠壁,用吸管或棉花球采集内容物检查,或装在消毒的广口瓶中送检。痰液也可用此法。细菌性心瓣膜炎可采取赘生物培养及涂片检查。

⑤乳汁。乳房和乳房附近的毛以及术者的手均需用消毒液洗净消毒。将最初的几股乳汁弃去,然后采取乳汁 10～20 ml,置于灭菌容器中。

⑥涂片或印片。此项工作在细菌学检查中颇有价值,尤其是对培养条件苛刻的细菌,更是不可缺少的手段。普通的血液涂片或组织印片用美蓝或革兰染色法染色;结核杆菌、副结核杆菌等用抗酸染色法染色;一般原虫疾病则需做血液或组织液的薄片及厚片。

厚片的做法:在洁净的载玻片上滴 1 滴血液或组织液,使之摊开约 1 cm² 大小，然后平放于洁净的 37 ℃温箱中，干燥 2 h 后取出，浸于 2％冰醋酸 4 份及 2％酒石酸 1 份的混合液中 5～10 min，以脱去血红蛋白；取出后再脱水，并于纯酒精中固定 2～5 min，进行染色检查。若本单位缺乏染色条件，需寄送外单位进行检查，则还应该把一部分涂片和印片用甲醇固定 3 min 后不加染色一齐寄出。此外，脓汁和渗出物也可以采用本方法。

⑦取做凝集、沉淀、补体结合及中和试验用的血液、脑脊髓液或其他液体时，均需用干燥消毒的注射器及针头采取，并置于干燥的玻璃瓶或试管中。如果是血液，应该放成斜面，避免震动，防止溶血，待自然凝固析出血清后再送检或者抽出血清送检。

(2)保存采集的病料时的注意事项。

①组织块。常用灭菌的液状石蜡、30％甘油缓冲盐水或饱和氯化钠溶液保存。

②液体材料。保存于灭菌的、密封性好的试管内，可用石蜡或密封胶封口。

③各种涂片、触片、抹片自然干燥后装盒冷藏。送检材料均应保持正立，并系缚于木架上，装入保温瓶中或将材料放入冰筒内，外套木(纸)盒，盒中塞紧锯末等。载玻片可用火柴棒间隔开，但表面的两张要把涂有病料的一面向内，再用胶布裹紧，装在木盒中寄送。

(3)病毒学病料 选取病毒材料时，应考虑各种病毒的致病特性，选择各种病毒侵害的组织。在选取过程中，力求避免细菌的污染。将病料置于消毒的广口瓶内或盖有软木塞的玻璃瓶中。将组织块浸入 50％甘油缓冲盐水或鸡蛋生理盐水中。

用作病毒检查的心血、血清及脊髓液应用无菌方法采取，置于灭菌玻璃瓶中。在 4 ℃时可保存数小时，若长期保存，应置于－70 ℃条件下。送检时冷藏在冰筒内。若疑为狂犬病尸体，应在死后立刻将其头颅取下，置于不漏水的容器中，周围放上冰块；也可以将脑剖出，切开两侧大脑半球，一半置于未稀释的中性甘油中，另一半放入 10％福尔马林溶液中。若为传染性马脑脊髓炎病例，最好在死后立即按照无菌操作将脑取出，采取大脑与小脑组织若干块，装入盛有 50％灭菌甘油生理盐水的瓶中。用于 PCR 检测的病料应冷冻保存。

保存液的配制方法如下：

①30％甘油缓冲盐水：

纯甘油	30 ml
氯化钠	0.5 g
碱性磷酸钠	1 g
0.02％酚红溶液	1.5 ml
中性蒸馏水加至	100 ml
混合后在 121 ℃高压灭菌	30 min

②50%甘油缓冲盐水溶液:

氯化钠	2.5 g
酸性磷酸钠	0.46 g

溶于 100 ml 中性蒸馏水内

碱性磷酸钠	10.74 g
纯中性甘油	150 ml
中性蒸馏水	50 ml
混合后在 121 ℃高压灭菌	30 min

③鸡蛋生理盐水溶液。将鸡蛋表面消毒、破壳、搅匀后加灭菌生理盐水(9份蛋浆添加 1 份灭菌生理盐水),摇匀过滤,加热至 56~58 ℃,维持 30 min,于第 2~3 天再按上述过程加热一次,冷却备用。

(4)毒物病料　死于中毒的动物的死亡原因通常为食入有毒植物、杀虫农药等。送检化验材料应包括肝、肾组织和血液标本,胃、肠、膀胱等内容物,以及饲料样品。各种内脏及内容物应分别装于无化学杂质的玻璃容器内。为防止发酵而影响化学分析,可以冰冻,保持冷却运送。容器先用重铬酸钾-硫酸洗涤液清洗,然后用自来水冲洗,再用蒸馏水冲洗 2~3 次即可。所取的材料应避免化学消毒剂污染,送检材料中切不可放入化学防腐剂。根据剖检结果并参照临床资料及送检样品性状,也可提出可疑的毒物,作为实验室诊断参考,送检时应附有尸检记录。

例如,若疑似为铅中毒,实验室可先进行铅分析,以节省不必要的工作。凡病例需要进行法医检验的,应特别注意在采取标本以后,必须专人保管、送检,以防止中间人传递有误。剖检有毒物中毒可疑的尸体时,要考虑到毒物的种类、投入途径不同,材料的采取也各有不同。经消化道引起的中毒,可提前检查,事先准备好剖检用的器材、手套等,先用清水洗净晾干,不得被酚、酒精、甲醛等常用的化学物质污染,以免影响毒物定性、定量分析。

通常做毒物检验时应采取下列材料:

①胃肠内容物:服毒后病程短,急性死亡的动物取其胃内容物 500~1000 ml,肠内容物 200 g。

②血液:10 ml。

③尿液:全部采取。

④肝:500~1000 g,应有胆囊。

⑤肾:取两侧的肾。

若为经皮肤、肌内注射的毒物,取注射部位皮肤、肌肉以及血液、肝、肾、脾等送检。采集的每一种材料应分别放入清洗的瓶皿内,外贴标签,记好材料名称和编号。取材时的注意事项如下:

①材料要新鲜。最好在动物的心脏还在跳动时取材,然后投入固定液内。脏器的上皮组织易变质,应争取在死后半小时内处理完毕。

②组织块力求小而薄。脱水包埋组织块的厚度不超过 3 mm。

③勿使组织块受挤压。切取组织块用的刀、剪要锋利,切割时不可来回挫动。夹取组织块时,切勿猛压,以免挤压损伤组织。取材时,组织块可稍大一点,以便在固定后,将组织块的不平整部分修去。

④尽量保持组织的原有形态。新鲜组织经固定后,或多或少会产生收缩现象,有时甚至完全变形。为此,可将组织展平,尽可能维持原形。对神经、肌肉、皮肤组织等,可将其两端用线扎在木片上或硬纸片上固定。

⑤选好组织块的切面。应熟悉器官组织的组成并据此决定其切面的走向。纵切或横切根据观察目的而定。

⑥保持材料的清洁。组织块上如有血液、污物、黏液、食物、粪便等,先用生理盐水冲洗,然后再投入固定液内。

⑦切除(清除)不需要的部分。特别是组织周围的脂肪等,应尽可能清除掉,以免影响以后的操作程序和观察。

2.5.1.3　病理组织学检查材料

(1)采取病料的工具　刀、剪要锋利,切割时应采取拉切法,避免组织受压造成人为损伤,组织块固定前勿沾水。

(2)病料采取的脏器种类和部位　无论任何疾病,在采取病料时,要采取重要器官,如心、肝、肾、脑、脾、淋巴结、胃肠、胰、肺等。病变器官要重点采集,一个器官的不同部位要采取多块,采取病变的典型部位和可疑部位;取样应具有代表性,最好能反映出疾病发展过程的不同时期形成的病变。每个组织块应含有病变组织与正常组织,同时应含有该器官的主要部分。例如,肾脏要有皮质部、髓质和肾盂,脾和淋巴结要有淋巴小结部分,黏膜器官应含有从浆膜到黏膜各部,肠应有淋巴滤泡,心脏应有房室和瓣膜各部,大的病变组织的不同部位可分段采取多块。

尸体剖检组织取材应根据尸体剖检的实际需要进行,各组织器官的取材部位和数量一般如下。

①心和大血管:右心室 1 块、左心室 1 块、主动脉 1 块,采取部位为距离主动脉瓣 5 cm 处。

②肺脏:右下叶 1 块,切成正方形;左下叶 1 块,可切成长方形。

③肝脏:右叶 1 块,切成正方形;左叶 1 块,切成长方形。

④脾脏:1~2 块。

⑤胰腺:1~2 块。

⑥肾脏:两侧肾脏各切 1 块,包括皮质、髓质和肾盂。右肾 1 块切成正方形,

左肾1块切成长方形。

　　⑦膀胱：如无肉眼变化时，取1块即可。

　　⑧肾上腺：左、右各取1块。

　　⑨消化道：食管1块，胃窦部1块，小肠1块，淋巴结（小肠淋巴结）1块，直肠1块。

　　⑩骨：脊椎骨1块。

　　⑪胸腺：1块。

　　⑫子宫：宫颈和宫体数块。

　　⑬睾丸或卵巢：各1块。

　　⑭脑左侧运动区1块，左侧豆状核1块，小脑1块。

　　⑮脑下垂体1块，前叶或包括前后叶。

　　上述各种组织的取材块数适于一般情况的要求。有较严重或复杂病变，以及医疗纠纷时，应该适当增加，以便彻底检查及复查，从而作出诊断。

　　（3）组织块大小　长、宽为1~3 cm，厚度为0.5 cm左右，有时可采取稍大的病料块，待固定几小时后，再切小、切薄。

　　（4）在固定时易发生弯曲扭转的胃肠、胆囊等，可将组织块浆膜面向下平放在硬质泡沫板或硬纸片上，两端结扎放入固定液中，肺组织块常漂浮于固定液面上，可盖上薄片，用脂棉或纱布包好，其内放入标签，再放入固定液的容器中。

　　（5）固定液　准备10%福尔马林水溶液（市售甲醛与水按1：9的比例稀释），其他固定液也应备齐。

2.5.2　病料的寄送

　　动物发生疫病时，仅凭临床症状、流行病学和尸体剖检还不能作出诊断，为了能全面正确地诊断疾病，确定发病死亡原因，常常要采取病料并进行微生物学、血清学、寄生虫学及病理组织学的实验室检验。对于各种实验室检验能否及时进行并得到正确的检验结果，各种病理材料的正确选取、固定及包装运送尤为重要，它关系到疾病诊断的准确性，关系到科研和实验结果的正确与否。

　　（1）实验材料的包装　如将标本运送至他处检查时，先将病理组织学送检病料固定好后，将组织块用脱脂纱布包裹好，放入塑料袋，再结扎备用。微生物送检材料要密封，防止容器破裂，对于危险的传染病病料，可将盛放材料的容器口用蜡密封后，装入木盒、金属盒或较大的玻璃器皿中，中间填以纸屑、棉花等以防撞震。应把瓶口用石蜡等封住，并用棉花和油布包妥，盛在金属盒或筒中，再放入木箱中。木箱的空隙要用填充物塞紧，以免震动；若送大块标本，则先将标本固定几天以后，取出浸渍固定液的几层纱布，先装入金属容器中，再放入木箱。传染病病例的标本一定要先固定杀菌，然后置于金属容器中包装，切不可麻痹大意，以免途中散布传染。

（2）实验动物的编号　组织块固定时，将尸检病例号用铅笔写在小纸片上，并沾70％酒精固定后投入瓶内；也可将所用固定液、病料种类、器官名称、块数编号和采取时间写在瓶签上。

（3）病料送检　目前多派专人送检，送检时应将整理过的尸体剖检记录及临床流行病学材料、送检目的和要求、组织块名称、数量等一并寄送。此外，本单位应保存一套送检的病料，以备必要时复查。

（4）送检单　送检单位、检验单位、发病时间、死亡时间、剖检时间、送检日期、送检目的、动物类别、性别、品种、年龄、送检人、联系电话、临床诊断等内容齐全。送检单一式三份，一份本单位存查，两份送往检验单位，检验完毕退回一份。动物病理材料送检单参考格式见表2-2。

表 2-2　动物病理材料送检单

病理编号 No.

送检单位			送检目的			动物类别		
性　　别			品　　种			年　　龄		
发病时间	年　月　日		死亡时间	年　月　日		剖检时间	年　月　日	
送检日期	年　月　日		送 检 人			检验单位		
联系电话			临床诊断					
送检材料种类、数量及编号：								
临床摘要（包括主诉、病史摘要、发病经过、流行病学情况、主要症状、治疗经过等）：								
病理变化：								
剖检病理变化（包括外部视检和内部剖检以及各器官的检查）：								

送检负责人签字：　　　　　年　月　日　　送检单位（盖章）

表 2-3　某些畜禽传染病病料采取一览表

病名	病料的采取		备注
	生前	死后	
炭疽	(1)濒死期末梢血液,或做涂片数张 (2)炭疽痈的浮肿液或分泌物	(1)血液或脾脏,并做血片数张 (2)浮肿组织 (3)耳朵	防止感染和散菌
恶性水肿	患畜水肿液	肝脏及患部水肿液	
巴氏杆菌病	血液,并涂血片数张	心血、肝、脾、肺,并做涂片数张	
结核病	乳汁、粪便、尿、精液、阴道分泌物、溃疡渗出物及脓汁	有病变的肺和其他脏器各两小块,分别做微生物学检查和病理组织学检查	防止感染和散菌
布氏杆菌病	(1)血清、乳汁,供血清学检查 (2)整个胎儿或胎儿的胃,羊水,胎衣坏死灶,供细菌学检查	—	防止感染和散菌
口蹄疫和水泡病	(1)水泡皮和水泡液,供病毒学检查 (2)痊愈血清,供血清学检查	—	严防散毒
狂犬病	—	未剖开的头或新鲜大脑,供动物试验和病理组织学检查	
钩端螺旋体病	(1)血清,供血清学检查 (2)血液、尿液,供微生物学检查	脾、肾和肝	
家畜沙门杆菌病	(1)急性病例采取发热期血液、粪便;慢性病例采取关节液和脓肿中的脓汁;流产病例采取子宫分泌物和胎衣胎儿,做细菌检查 (2)马流产后 8～30 日内采取血清,供血清学检查	(1)血液、肝、脾、肾、肠淋巴结、胆汁,供细菌学检查 (2)有病变的肝、脾、肾、淋巴结、回盲瓣,供病理组织学检查	
猪瘟	(1)发热期血液,供动物试验 (2)扁桃体组织,供荧光抗体试验	(1)肺、脾、肝、肾、肠、淋巴结、血液,供动物试验和病毒学检查 (2)有病变的肺、脾、肝、肾、淋巴结、脑,供病理组织学检查	
猪丹毒	急性病例采取血液,亚急性病例采取皮肤疹块的渗出液,慢性病例采取病关节滑囊液	心血、肝、脾、肾、心瓣膜赘生物,尸体腐败时取管骨	
猪气喘病	—	病肺,供微生物学检查	
猪传染性胃肠炎	粪便,供动物接种	小肠,供动物接种和病理组织学检查	

续表

病名	病料的采取		备注
	生前	死后	
猪萎缩性鼻炎	鼻腔深部黏液,供细菌学检查	(1)鼻甲骨或猪头,供病理学检查 (2)鼻腔深部黏液,供细菌学检查	
气肿疽	患部水肿液	血液、肝、脾和胆汁	防止散菌
副结核病	粪便、直肠黏膜刮取物,并做涂片数张	有病变的肠和肿大的肠系膜淋巴结各两小块,分别供细菌学检查和病理组织学检查	
牛肺疫	(1)血清,供血清学检查 (2)胸水,供微生物学检查	胸腔渗出液和病理肺组织,供微生物学检查	
羊痘	未化脓的丘疹	—	
羊快疫类疾病和羔羊痢疾	—	(1)小肠内容物,供毒素检查 (2)肝、肾及小肠,供细菌学检查	
马流行性淋巴管炎	患部脓汁及脓痂	患部脓汁	防止感染和散菌
马腺疫	下颌破溃脓肿的脓汁和鼻腔深部的黏液	有病变的内脏组织及脓汁	
马传染性贫血	(1)抗凝血,供血常规检查 (2)血清,供血清学检查	肝、脾、肾及淋巴结,供病理组织学检查	
马传染性脑脊髓炎	(1)抗凝血,供血沉和胆红素检查 (2)血清,供血清学检查	(1)脑和脊髓,供病毒学检查 (2)脑、脊髓及肝,供病理组织学检查	
鸡新城疫	(1)血清,供血清学检查 (2)血液和粪便,供鸡胚感染检查	脑、脊髓、脾脏和长骨各 2 份,分别供鸡胚感染和病理组织学检查	
鸡白痢	(1)全血,供全血凝集反应 (2)粪便,供细菌学检查	(1)雏鸡心血、肝、脾、肾和未吸收的卵黄 (2)成鸡心血、肝、胆汁、脾和变形卵巢	
鸡马立克病	(1)血液,供动物接种和病毒学检验 (2)腋下羽毛的毛根,供琼脂凝胶扩散试验 (3)血清,供血清学检查	肝、脾、肾、腔上囊和腰荐神经,供病理组织学检查、动物接种和病毒学检验	
鸭瘟	血液,供鸭胚感染检查和动物接种	血液、肝和脾,供动物接种、鸭胚感染和病毒学检查	

2.6　常见病理变化与疾病变化

2.6.1　鸡的常见病理变化与相关疾病

病变部位（器官）	常见病理变化	相关疾病
一般情况	尸体消瘦	慢性消耗性疾病或营养不良
	尸体肥胖	急性死亡或肥胖症
	腹部膨大	腹水症、尸体腐败或肝脏肿瘤
腹腔	腹水	腹水症、大肠杆菌病
	腹腔浆膜及内脏表面有石灰样物质	禽痛风
	胸、腹腔及内脏表面有淡黄色黏稠物，器官粘连	卵黄性腹膜炎
肌肉	胸肌有白色条纹状病变	维生素 E-硒缺乏症、马立克病
	胸部及腿部肌肉出血	法氏囊病、包涵体肝炎、白冠病
骨和关节	骨骼变形	佝偻病、骨质粗大症
	关节肿胀，内有渗出物	细菌性关节炎、霉形体病、关节型痛风、足底肿胀
头面部	头部皮肤苍白色	卡氏白细胞原虫病、营养不良、慢性消耗性疾病、肝破裂
	青紫色或暗红色	盲肠肝炎、心肺疾病
	头部皮肤有痘疹或结痂	鸡痘、冠癣
	头颈部水肿	绿脓杆菌感染、肿头病
	肉垂肿胀或坏死	慢性鸡霍乱、传染性鼻炎、禽流感
	鸡冠发育不良或萎缩	马立克病、白血病、慢性沙门菌病
眼	眼睑肿胀，眼有干酪样渗出物	传染性鼻炎、鸡痘、败血霉形体病、维生素 A 缺乏症
	虹膜退色、瞳孔缩小或不规则	马立克病
口鼻	鼻孔有炎性分泌物	传染性鼻炎、传染性支气管炎
	咽喉黏膜有干酪样假膜	白喉型鸡痘
	咽喉黏膜有白色针头状小结节	维生素 A 缺乏症
肛门	肛门炎症、坏死、结痂、出血	泄殖腔炎、啄肛、脱肛
	肛门周围羽毛有乳白色、石灰渣样、绿色或红色粪便污染	依次是白痢、法氏囊病、新城疫和球虫病

续表

病变部位(器官)	常见病理变化	相关疾病
皮肤	皮肤水肿、溃烂	葡萄球菌病、维生素 E-硒缺乏症
	胸部皮下水肿、化脓	胸部带囊肿
	皮肤上有肿瘤	马立克病
神经	小脑出血	脑软化症
	末梢神经变粗	马立克病
上呼吸道	鼻腔、眶下窦渗出物增多	传染性鼻炎、败血霉形体病
	喉、气管上部黏膜密发痘斑	鸡痘(黏膜型)
	气管黏膜有奶油状或干酪样渗出	传染性喉气管炎
	气管内黏液增多,管壁肥厚	新城疫、传染性支气管炎、传染性鼻炎、鸡霉形体病
下呼吸道	气管肥厚,管腔被渗出物堵塞并有支气管周围性肺炎	鸡痘(黏膜型)、鸡霉形体病、真菌性肺炎
	肺散在直径 1～3 mm 的白色病灶	真菌性肺炎
	肺有大小不同的透明感病灶	淋巴细胞白血病
消化道	食管、嗉囊散在小结节	维生素 A 缺乏症
	腺胃胃壁肥厚,呈气球状	马立克病
	腺胃黏膜乳头出血、溃疡	新城疫、法氏囊病、禽流感
	肠管特定部位出血和溃疡	新城疫
	胃肠浆膜面散在白色隆起	雏白痢、马立克病及淋巴细胞白血病、其他肿瘤
肝脏	肝显著肿大	马立克病、淋巴细胞性白血病、肝硬变
	肝出现白色点状病灶	马立克病、淋巴细胞性白血病、肝硬变、黑头病、结核、雏白痢、禽霍乱、禽痛风
	肝包膜肥厚,包膜上附着渗出物	大肠杆菌病、黑头病、肝硬变
	肝肿大,包膜下有出血斑点	包涵体肝炎、白冠病
心脏	心冠脂肪点状出血	新城疫、禽流感、禽霍乱
	心脏表面有白色隆起	雏白痢、马立克病、淋巴细胞性白血病
	心脏表面和心包混浊肥厚	雏白痢、大肠杆菌病、支原体病、禽痛风
脾脏	脾脏肿大,色变淡	马立克病、淋巴细胞性白血病、白冠病
	脾出现白色结节(直径大于 2 mm)	马立克病、淋巴细胞性白血病、结核

2.6.2 猪的常见病理变化与相关疾病

病变部位(器官)	常见病理变化	相关疾病
眼睛	眼角有泪痕或分泌物	流感、猪瘟
	眼结膜充血、苍白、黄染	热性传染病、贫血、黄疸
	眼睑水肿	猪水肿病
口鼻	鼻孔有炎性渗出物流出	流感、气喘病、萎缩性鼻炎
	鼻歪斜、颜面部变形	萎缩性鼻炎
	上唇吻突及鼻孔有水泡、糜烂	水泡病
	齿龈、口角有点状出血	猪瘟
	唇、齿龈、颊部黏膜溃疡	猪瘟
	齿龈水肿	猪水肿病
	咽喉部肿大	链球菌病、猪肺疫等
皮肤	胸、腹和四肢内侧皮肤有大小、形状不一的出血斑点,有方形、菱形红色疹块	猪瘟、湿疹、猪丹毒
	耳尖、鼻端及四蹄呈紫色	沙门菌病
	下腹和四肢内侧有痘疹	猪痘
	蹄部皮肤出现水泡、糜烂和溃疡	口蹄疫、水疱病等
肛门	肛门周围和尾部有粪污	腹泻性疾病
淋巴结	颌下淋巴结肿大,出血性坏死	猪炭疽、链球菌病
	全身淋巴结有大理石样出血变化	猪瘟
	咽、颈及肠系膜淋巴结有黄白色干酪样坏死灶	猪结核
	淋巴结充血、水肿、小点状出血	急性猪肺疫、猪丹毒、链球菌病
	支气管和肠系膜淋巴结、髓样肿胀	猪气喘病、猪肺疫、传染性胸膜肺炎、副伤寒肿胀
肝胆	坏死小灶	沙门氏菌病、弓形虫病、李氏杆菌病、伪狂犬病
	胆囊出血	猪瘟、胆囊炎
脾	脾边缘有出血性梗死灶	猪瘟、链球菌病
	脾略肿大,呈樱桃红色	猪丹毒
	淤血肿大,灶状坏死	弓形体病
	边缘有点状出血	仔猪红痢

病变部位（器官）	常见病理变化	相关疾病
胃	胃黏膜点状出血、溃疡	猪瘟、胃溃疡
	胃黏膜充血、卡他性炎症，呈大红色	猪丹毒、食物中毒
	黏膜下水肿	水肿病
小肠	黏膜点状出血	猪瘟
	节段状出血性坏死，浆膜下有小气泡	仔猪红痢
	以十二指肠为主的出血性、卡他性炎症	仔猪红痢、猪丹毒、食物中毒
	大肠黏膜灶状或弥漫性坏死	慢性副伤寒
	盲肠、结肠黏膜扣状溃疡	猪瘟
	卡他性、出血性炎症	猪痢疾、胃肠炎、食物中毒
	黏膜下高度水肿	水肿病
肺脏	出血斑点	猪瘟
	纤维素性肺炎	猪肺疫、传染性胸膜肺炎
	肝样变（心叶、尖叶和中间）	气喘病
	水肿，小点状坏死	弓形体
	粟粒性、干酪样结节	结核病
心脏	心外膜点状出血	猪瘟、猪肺疫、链球菌病
	纤维素性心外膜炎	猪肺疫
	心瓣膜有菜花样增生物	猪丹毒
	心肌内有米粒大、灰白色包囊泡	猪囊尾蚴
肾	苍白、小点状出血	猪瘟
	高度淤血，小点状出血	急性出血
胸腔	黏膜层有出血斑点	猪瘟
	浆膜及浆膜腔出血	猪瘟、链球菌病
	纤维素性胸膜炎及粘连	猪肺疫、气喘病
	积液	传染性胸膜肺炎、弓形体病
睾丸	1个或2个睾丸肿大、发炎、坏死或萎缩	布氏杆菌病
肌肉	臀肌、肩胛肌、咬肌等外有米粒大囊泡	猪囊尾蚴
	肌肉组织出血、坏死，含气泡	恶性水肿
	腹斜肌、大腿肌、肋间肌等处有与肌纤维平行的毛根状小体	孢子虫病
血液	凝固不良	链球菌病、中毒性疾病

第3章　微生物检验技术

3.1　常用细菌检验技术

3.1.1　细菌的抹片、染色与镜检

革兰氏染色法是最常用的鉴别染色法之一,此法可将细菌分为两大类:不被酒精脱色而保留紫者为革兰氏阳性菌,被酒精脱色而复染成红色者为革兰氏阴性菌。

3.1.1.1　染色液的配制

(1)结晶紫染液　先配制结晶紫酒精饱和溶液及草酸铵溶液(草酸铵 0.8 g,蒸馏水 80 ml),分置于不同容器内。用蒸馏水将结晶紫溶液稀释 5 倍,然后与等量草酸铵溶液混合。

(2)革兰氏碘溶液　取碘 1.0 g、碘化钾 2.0 g 及蒸馏水 300 ml,先将碘化钾用少量水溶解,再加入磨碎的碘片,然后徐徐加水,充分混合,待碘片完全溶解后,再加蒸馏水至足量。

(3)复染液　复染液使用稀释石炭酸复红。取 3‰复红酒精溶液 10 ml,加入 5‰石炭酸水溶液 90 ml,混合过滤后,用蒸馏水稀释 10 倍即成。

3.1.1.2　染色法

取经火焰固定的标本片,加结晶紫染液于抹片上,染色 1～2 min 后,轻轻用水冲去染液,并倾尽玻片上的积水,再加革兰氏碘溶液于抹片上,作用 1～3 min 后,再用水冲洗,并倾尽玻片上的积水后,滴加适量 95％乙醇于抹片上,脱色 0.5～1.0 min,水洗后,用稀释石炭酸复红复染 10～30 s,水洗,干后镜检。细菌经此法染色后,呈蓝紫色者称为革兰氏阳性细菌,呈粉红色者称为革兰氏阴性细菌(图 3-1)。

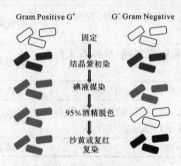

图 3-1　革兰氏染色法

3.1.2　培养基的制备

培养基是用人工方法按照微生物的生长需要,制成的一种营养物制品。其主要用途是对微生物进行分离培养、传代保存与鉴别,研究微生物的生理生化特性,以及制造菌苗、疫苗或生物制品等。培养微生物的培养基必须符合微生物的生长繁殖要求,否则微生物在该培养基中是不生长的。常用的培养基有基础培养基、增菌培养基、选择培养基、鉴别培养基和厌氧培养基等。

3.1.2.1　基础培养基的制备

(1)牛肉水。

成分:瘦牛肉 500 g,水 1000 ml。

方法:除去瘦牛肉的脂肪、腱膜后,将其切成小块,用绞肉机绞碎。称量重量,加倍量水后浸泡一夜(夏天为防止腐败变臭,可省略)。煮沸 1 h,在加热煮沸期间,须多次搅拌。用白粗布滤去肉渣,并挤出肉渣中的残存肉水。滤下的肉水再用滤纸滤过一次。计量体积,用水补足到原来的量,分装于烧瓶内,置于高压蒸气锅内以121 ℃灭菌 20～30 min 后,放在冷暗处保存。如用牛肉膏制备牛肉水时,可向 1000 ml 蒸馏水中加 3 g 牛肉膏,溶化后即可。

用途:作为制造各种培养基的基础。

(2)普通肉汤。

成分:牛肉水 1000 ml,蛋白胨 10 g,氯化钠 5 g。

方法:

①取一定量的牛肉水,加入蛋白胨和氯化钠后,放入流通蒸气锅内加热溶解30 min。

②用 0.1 mol/L 和 1 mol/L 的氢氧化钠溶液、0.1 mol/L 和 1 mol/L 的盐酸溶液校正 pH 至 7.4～7.6(每 1000 ml 加 2 mol/L NaOH 溶液 12～15 ml)。

③放入流通蒸气锅内加热30 min,使碱溶解,并析出沉淀物。

④用滤纸过滤,滤过后的肉汤必须完全透明,并分装于试管的 1/3 处。

⑤置于高压蒸气锅内,以 121 ℃灭菌 20～30 min。

用途:

①用于细菌的液体培养。

②检查细菌的发育状况,以及观察细菌形成沉淀物、菌膜、菌环等的情况。

(3)普通琼脂。

成分:牛肉水 1000 ml,蛋白胨 10 g,氯化钠 5 g,琼脂 20～30 g。

方法：

①取一定量的牛肉水，加入蛋白胨和氯化钠后，放入流通蒸气锅内加热 30 min，然后校正 pH 至 7.4～7.6，再放入流通蒸气锅内加热30 min，并用滤纸过滤。

②加入一定量的琼脂，在 37 ℃时成为固体，便于生长成菌落和分离细菌纯种。琼脂呈酸性，故用其制造培养基时，需用碱液修正成弱碱性，再放入流通热气锅内加热溶解。

③分装于试管内或三角瓶中，再置于高压蒸气锅内，以 121 ℃灭菌 20 min。如用于菌种传代和纯培养时，可放成斜面；如用其分离培养时，可做成平板。

用途：

①用于细菌的分离培养、纯培养、观察菌落的性状及保存菌种。

②作为制造特殊培养基的基础。

3.1.2.2　常用特殊培养基的制备

(1)血液琼脂。

成分：脱纤维血液(无菌)5～10 ml，普通琼脂 100 ml。

方法：取制备的普通琼脂，溶解后冷至 50 ℃左右，按以上数量加入无菌的脱纤维血液(马血、羊血或家兔血均可)，混合后做成斜面或平板。使用前须做无菌检验。

用途：

①某些病原菌(如马腺疫链球菌、巴氏杆菌等)的分离培养。

②观察细菌的溶血现象，作鉴别用。

③斜面常用于保存营养要求高的菌种。

(2)SS琼脂。

成分：基础培养基1000 ml，乳糖 10 g，柠檬酸钠 8.5 g，硫代硫酸钠 8.5 g，10％柠檬酸铁溶液 10 ml，1％中性红溶液 2.5 ml，0.1％煌绿溶液 0.22 ml。

方法：加热溶化培养基，按比例加入上述染料以外的各成分，充分混合均匀后，校正 pH 至 7.0，然后加入中性红和煌绿溶液，倾注平板。

注意事项：

①制好的培养基宜当日使用，或保存于冰箱内于 48 h 内使用。

②煌绿溶液配好后应在 10 天内使用。

③可以购用 SS 琼脂的干燥培养基。

用途：用于沙门菌、志贺菌的选择性分离培养。

(3)麦康凯琼脂。

成分：蛋白胨 17 g，肘胨 3 g，猪胆盐(或牛、羊胆盐)5 g，氯化钠 5 g，琼脂 17 g，乳糖 10 g，0.01％结晶紫水溶液 10 ml，0.5％中性红水溶液 5 ml，蒸馏水 1000 ml。

方法:将蛋白胨、肝胨、胆盐和氯化钠溶解于 400 ml 蒸馏水中,校正 pH 至 7.2。将琼脂加入 600 ml 蒸馏水中,加热溶解。将两液合并,分装于烧瓶内,并于 121 ℃高压灭菌 15 min 备用。临用时加热溶化琼脂,趁热加入乳糖。冷却至 50～55 ℃时,加入结晶紫和中性红水溶液,摇匀后倾注平板。结晶紫和中性红水溶液配好后需进行高压灭菌。

用途:临床上用于分离肠细菌。此培养基可抑制革兰氏阳性菌生长,可用于区分乳糖发酵性菌和非发酵性菌;还可以区分耶尔森菌和巴斯德菌,巴斯德菌不能在此培养基上生长。

(4)伊红美蓝琼脂。

成分:蛋白胨 10 g,乳糖 10 g,磷酸氢二钾 2 g,琼脂 17 g,2％伊红 Y 溶液20 ml,0.65％美蓝溶液 10 ml,蒸馏水 1000 ml。

方法:将蛋白胨、磷酸盐和琼脂溶解于蒸馏水中,校正 pH 至 7.1 后,分装于烧瓶内,并于 121 ℃高压灭菌 15 min 备用。临用时加入乳糖并加热溶化琼脂,冷却至50～55 ℃时,加入伊红和美蓝溶液,摇匀后倾注平板。

用途:用于革兰氏阴性肠道菌的分离和鉴别。大肠杆菌在伊红美蓝琼脂培养基上发酵乳糖,形成黑色菌落,且大部分有金属光泽,而沙门菌形成无色菌落,金黄色葡萄球菌基本上不生长。

3.1.3　细菌的分离培养

细菌的分离培养技术是微生物学中最基本、最重要的技术之一。进行微生物学研究,首先必须获得纯培养,而纯培养的获得就是建立在正确的分离培养技术之上的。

3.1.3.1　细菌的分离培养法

(1)平板划线分离培养法　可将平板放在桌上,也可用左手持平板,中指、无名指和小指托着平板底,拇指和食指打开平皿盖,使盖与底成 30 度夹角,以便于划线。划线的先后顺序为左手持平板,右手握接种环,先灭菌铂丝部分,待铂丝烧红后,再于火焰上灭菌金属棒部分。用接种环挑取待检材料时,左手打开平皿盖,把接种环上的材料涂在培养基的一侧,一般作 1～3 次划线。将接种环上的多余细菌材料烧掉后,从第一次划线引出第二次划线,然后将接种环灭菌,再从第二次划线引出第三次划线,如此反复 3～4 次划线后,即可把整个平板表面划满。注意,每次划线只能与上一次划线重叠,这样就可在最后的 1～2 次划线上出现大量的单个菌落,以便进行纯培养(图 3-2)。

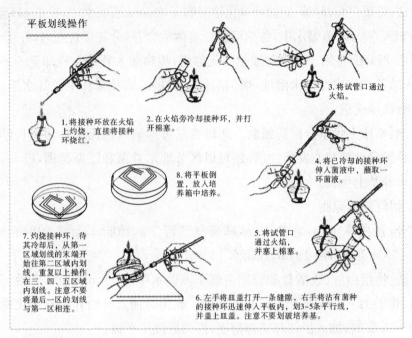

平板划线操作

1. 将接种环放在火焰上灼烧，直接将接种环烧红。

2. 在火焰旁冷却接种环，并打开棉塞。

3. 将试管口通过火焰。

4. 将已冷却的接种环伸入菌液中，蘸取一环菌液。

5. 将试管口通过火焰，并塞上棉塞。

6. 左手将皿盖打开一条缝隙，右手沾有菌种的接种环迅速伸入平板内，划3~5条平行线，并盖上皿盖。注意不要划破培养基。

7. 灼烧接种环，待其冷却后，从第一区域划线的末端开始往第二区域内划线。重复以上操作，在三、四、五区域内划线。注意不要将最后一区的划线与第一区相连。

8. 将平板倒置，放入培养箱中培养。

图 3-2　平板划线

(2)稀释平板分离培养法　取待检材料或其他分离对象 0.1 ml,加入事先装有 0.9 ml 灭菌肉汤或生理盐水的试管中,作 10 倍倍比稀释。根据待检材料(分离对象)中菌体数量的多少,决定取哪一个稀释度。若稀释度过大,则可能分离不到细菌;若稀释度过小,则会由于菌体数目过多而分离不到单个菌落。假定稀释度以 $10^2 \sim 10^4$ 为宜,则取 9 个无菌平皿,其中 3 个平皿为一个稀释度,并用记号笔标明,每一个平皿取对应稀释度的待检材料 0.1 ml。然后取 50 ℃左右的琼脂,分别倾入加有定量待检材料的平皿中,立即混匀。冷却凝固后,置于 37 ℃温箱中培养,培养 24~48 h 后取出,平皿中的菌落数目应随着稀释度的增加而逐渐减少。挑取单个疑似菌落,进行纯培养。

3.1.3.2　厌氧菌的分离培养法

(1)高层琼脂培养法　该培养法又称振荡培养法,取融化了的葡萄糖高层琼脂培养液数管(取决于细菌数的多少),一般取 3~4 管,置于试管架上。待冷却到 50 ℃左右时,用接种环取适量待检材料接种于第一管,混匀后,由第一管取数微升接种环到第二管,混匀后,从第二管取数微升接种到第三管,以此类推。混匀后,将试管放于冷水中冷却,使其迅速凝固,然后置于 37 ℃温箱中培养。如有厌氧菌,则在培养基深层有菌落产生,欲获得单个菌落,可无菌取出琼脂块,并将其置于灭菌平皿中,选取疑似菌落作纯培养。

(2)平板划线法　见细菌的平板划线分离培养法,但应置于厌氧环境中培养。

(3)稀释平板分离培养法　见细菌的稀释平板分离培养法,接种后置于无氧环境中培养即可。

（4）厌氧环境的创造。

①低亚硫酸钠与碳酸钠法。每 1000 ml 容积加低亚硫酸钠（又称二硫四氧酸钠，即 $Na_2S_2O_4$）30 g 和等量的碳酸钠（Na_2CO_3），二者混合后，可将容器内的氧气吸收，并放出二氧化碳，其反应方程式如下：

$$Na_2S_2O_4 + Na_2CO_3 + O_2 \longrightarrow CO_2 + Na_2SO_4 + Na_2SO_3$$

准备好各种物品，如厌氧装置、药品、接种好的试管或平板、在温箱放置软化的橡皮泥等。操作时，在一块干净纸上把两种药品充分混合，放入一平皿盖中。然后把欲培养的试管和平皿放进厌氧装置内，再放入装药的平皿盖，滴加少许自来水后，立刻加盖密封。若用 500 ml 烧杯，则扣在适当大小的玻板上，周围用橡皮泥封口，培养 2～3 个平板，效果也很好。最后把密封的厌氧装置放入温箱即可。

②碱性焦性没食子酸法。焦性没食子酸与氢氧化钠混合后，可迅速吸收氧气而成为深褐色混合物。焦性没食子酸与氢氧化钠的用量可按器皿的容积计算，每 1000 ml 容积用焦性没食子酸 10 g、10％氢氧化钠液 100 ml。

操作时，先将干燥器底用橡皮泥或石蜡制造一个高约 0.5 cm 的堤，以便把干燥器的底一分为二，一侧放焦性没食子酸，一侧放氢氧化钠溶液。然后放上干燥器的隔板，并把分离培养的平板或试管、发酵管放好，加盖密封后，将装有氢氧化钠溶液的一侧向上倾斜，就可以把两种化学药品混合。最后，把干燥器放入 37 ℃温箱内培养 1～3 日后，检查生长情况或进行纯培养。

（5）厌氧菌的培养　厌氧菌的培养温度一般为 35～37 ℃，但不易产生芽孢的梭状芽孢杆菌接种在疱肉培养基中，以确定是否有芽孢存在时，培养温度以 30 ℃为宜。用固体培养基从临床标本中初代分离厌氧菌，一般要 48 h 才能长出菌落，生长较缓慢的厌氧菌需要 5～7 日。用液体培养基初代分离临床标本，至少要培养 1 周以上，才能确定其结果，但个别厌氧菌的培养时间还应延长。分离纯化后反复培养的厌氧菌，所需培养时间明显缩短，有的可在 24 h 内长出菌落，如腐败梭菌在固体培养基上划线分离时，培养 10～12 h 后即可长出菌落。

3.1.4　细菌药物敏感试验

扩散法是将抗菌药物置于接种待测菌的固体培养基上，抗菌药物通过向培养基内扩散，以抑制细菌的生长，从而出现抑菌环（或带）。由于药物扩散的距离越远，达到该距离的药物浓度就越低，因此，可根据抑菌环的大小判定细菌对药物的敏感度。抑菌环边缘的药物含量即该药物的敏感度。此法操作简便，易于掌握，仅用于定性。

3.1.4.1　圆纸片扩散试验

该试验是用含有一定量抗生素的药敏纸片,贴在已接种被检细菌的琼脂平板上,经37℃培养后,通过纸片上的弥散作用形成抗生素浓度梯度,在敏感抗生素的有效范围内,细菌的生长受到抑制,而在有效范围以外,细菌仍能生长,可形成一个明显可见的抑菌环。我们以是否形成抑菌环和抑菌环的大小来判定被检菌对某一抗生素是否敏感及敏感程度。

(1)操作方法　取细菌的肉汤培养物或固体培养物,用灭菌接种环致密划线于琼脂平板表面(可反复划线),以确保细菌能在平板上广泛生长。然后用无菌镊子将各种抗菌药物纸片分别贴于培养基表面,各药敏片之间需间隔一定距离。37℃培养24 h后观察结果。

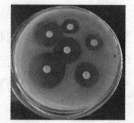

图 3-3　抑菌圈

(2)结果判定　观察药敏片周围有无抑菌环,并测量其直径(包括纸片直径)大小,用毫米数记录。按抑菌环直径大小可以判定为敏感、中度敏感和耐药。敏感程度与抑菌圈直径成正比(图 3-3)。

3.1.4.2　纸条或挖沟法

如果测定数种细菌对同一种药物的敏感性,可分别用浸有不同待检菌液的棉拭子,在琼脂平板上划线接种,同时接种对照菌。将含有一定剂量药物的纸条沿与接种菌垂直的方向紧贴于平皿上,培养后,观察抑菌情况。在贴纸条处,也可用挖沟槽来代替,即用灭菌刀在琼脂平皿中间切去一长条琼脂,再用滴管吸取热琼脂,严密封住沟底两侧的琼脂与平皿底部紧密相连处,以免药液流至琼脂下部。最后在沟槽内注入一定浓度的药液或含一定浓度药物的琼脂后,按上法接种待检细菌及对照菌株。

3.2　常用血清学诊断技术

3.2.1　血细胞凝集试验

某些病毒具有凝集某种(些)动物红细胞的能力,称为病毒的血凝作用,利用病毒的这种特性设计的试验称为血细胞凝集试验。血细胞凝集试验一般用于分离具有血凝特性的病毒和进行血凝抑制试验时病毒血凝单位的确定。

3.2.1.1　1%鸡红细胞悬液的制备

通过鸡翅下静脉或心脏采取抗凝血 10 ml,然后贴住试管壁缓慢注入试管中,以3000 r/min 离心 5 min,用吸管吸去白细胞、血小板及血浆等,只剩余沉积在试管底部的红细胞。再加生理盐水将红细胞重悬,然后以 3000 r/min 离心 10 min,

吸去剩余的白细胞等,再加生理盐水将红细胞重悬,重复三次,吸取上清液弃掉。最后用沉积的红细胞配制成 1‰ 红细胞悬液备用。

3.2.1.2　血细胞凝集试验

(1)操作方法　按表 3-1 将各种试验材料加入各试管中,混合均匀,静置于室温下(20～30 ℃)15 min 后,每 5 min 观察一次,观察 1 h,判定结果。

表 3-1　病毒血凝试验举例

单位: ml

试管号	1	2	3	4	5	6	7	8	9	10
稀释倍数	1:5	1:10	1:20	1:40	1:80	1:160	1:320	1:640	1:1280	阴性对照
生理盐水	0.4	0.25	0.25	0.25	0.25	0.25	0.25	0.25	0.25	0.25
待检病毒	0.1	0.25	0.25	0.25	0.25	0.25	0.25	0.25	0.25	弃0.25
生理盐水	0.25	0.25	0.25	0.25	0.25	0.25	0.25	0.25	0.25	0.25
1%鸡红细胞	0.25	0.25	0.25	0.25	0.25	0.25	0.25	0.25	0.25	0.25
静置于室温下15 min后，观察结果										
结果判定	#	#	#	#	#	#	++	+	—	—

(2)判定结果　以 100‰ 凝集(血细胞呈颗粒性散状凝集沉于管底)的病毒最大稀释孔为该病毒的凝集价,即一个凝集单位中不凝集者与阴性对照一样,红细胞沉于孔底,呈点状。凡是能使红细胞完全凝集的病毒最高稀释度,即为该病毒的血凝滴度。从表 3-1 可以看出,此病毒的血凝价是 1:160,则 1:160 的 0.1 ml 中有 1 个凝集单位,而 1:80、1:40 中分别有 2 个、4 个凝集单位;或将 160/4＝40,即 1:40 中有 4 个凝集单位。病毒经 40 倍稀释后,可用于血细胞凝集抑制试验。

3.2.2　血细胞凝集抑制试验

单纯地使用血凝试验还不能作出明确的诊断,因为其他病原也可能引起红细胞凝集,如引起鸡慢性呼吸道病的禽败血霉形体。所以,根据病毒凝集红细胞的能力可被特异性血清所抑制的原理,可利用红细胞凝集抑制试验进行抗体含量的滴定,以及做传染病的回忆诊断及病毒种类的鉴定。

凡是能使 4 个凝集单位的病毒凝集红细胞的作用,完全受到抑制的血清最高稀释倍数,称为血凝抑制价(血凝抑制滴度)。上例阳性血清的血凝抑制价为 1:256。有的用其倒数的 log2 来表示,即 1:256 可写作 8log2。如果已知阳性血清对某一已知鸡新城疫病毒参考毒株和被检病毒都能以相近的血凝抑制价抑制其血凝作用,而且都不被已知阴性血清所抑制,则可将被检病毒鉴定为鸡新城疫病毒。反之,也可用已知病毒来测定病鸡血清中的血凝抑制抗体,但不适用于急性病例,因为通常要在感染后 5～10 日或出现呼吸症状后 2 日,血清中的抗体才能达到一定的水平。如果同一病鸡在发病初期和发病后期的血清的血凝抑制价升高 4 倍,如由 log2 升高为 4log2,则可诊断此鸡自然感染了鸡新城疫病毒。若再结合流行病学、临床症状和病理解剖变化,则可作出明确诊断。也可用全血进行快速平板血凝抑制试验,用血凝价在 1:1000 以上的含病毒鸡胚液 25 ml,加 25% 枸橼酸钠溶液 1 ml、生理盐水 74 ml 做成试液。取此液 0.1 ml 滴于载玻片或瓷板上,与刺破翅静脉的血液 0.02 ml 混合,2~3 min 后检查红细胞是否发生凝集反应。如不凝集,则为阳性反应。这种血凝抑制试验的缺点是不能区别人工免疫和近期传染。

此外,血细胞凝集试验和血细胞凝集抑制试验也可用微量法,即在 V 形塑料反应板内进行,其原理与试管法相同,只是将各种试验材料的容积相应地缩小为原来的 1/10(即为 0.025 ml,总容量为 0.075 ml)。微量法测得的血凝抑制价较试管法低 0.5log2~1.0log2。

在血细胞凝集试验和血细胞凝集抑制试验中,当红细胞出现凝集以后,由于鸡新城疫病毒囊膜上的刺突含有神经氨酸酶,能裂解红细胞膜受体上的神经氨酸,结果使病毒粒子重新脱落到液体中,导致红细胞凝集现象消失,此过程称为洗脱。试验时应注意,以免判定错误。

3.2.3　琼脂扩散试验

抗原和抗体在含有电解质的琼脂凝胶中可以向四周自由扩散。当抗原和抗体相互扩散至适当的位置相遇时,则出现肉眼可见到的沉淀线,即为抗原-抗体特异结合物。以检查鸡传染性腔上囊炎为例,除可对此病进行诊断外,还可根据雏鸡母源抗体水平确定该病的首次免疫时间,从而有利于该病的有效防治。

3.2.3.1　实验操作

(1)琼脂的配制　称取专用琼脂 1 g、氯化钠 8 g、苯酚 0.1 ml,加入 100 ml 蒸馏水中。调节 pH 至 6.8~7.2 后,水浴溶化。

(2)铺板　将直径为 90 mm 的平皿放在水平台上,向每个平皿中倒入热琼脂 15~18 ml,厚度约为 2.5 mm。注意不要产生气泡,冷凝后加盖,并把平皿倒置,以防止水分蒸发,放在普通冰箱中可保存 2 周左右。

根据被检血清样品的多少,也可采用大、中、小三种不同规格的玻璃板,即 10 cm×16 cm 的玻璃板加注热琼脂 40 ml;6 cm×7 cm 的加注 11 ml;3.2 cm×7.6 cm 的加注 6 ml。

(3)打孔　打孔器用薄金属片制成,孔径有 4 mm 和 6 mm 两种。在坐标纸上画好 7 孔型图案。把坐标纸放在带有琼脂板的平皿或玻璃板下面,按照图案用上述打孔器打孔,外周孔径为 6 mm,中央孔径为 4 mm,孔间距为 3 mm。然后将打好孔的琼脂板放在酒精灯上适度加热,使孔底部融化,形成封闭的容器。

(4)加样　打孔后用记号笔在琼脂板上写明日期和编号等。在 7 孔型的中央孔加抗原,外周孔按顺时针方向在 2、5 孔分别加标准阳性和阴性血清,其余 1、3、4、6 孔分别加入受检血清至孔满。加上平皿盖,待孔中液体吸干后,将平皿倒置,以防水分蒸发;将琼脂板放入铺有数层湿纱布的带盖搪瓷盘中,置于 15～30 ℃条件下进行反应,连续观察 3 日并记录结果。

3.2.3.2　结果判定方法

(1)阳性　当标准阳性血清孔与抗原孔之间有明显的致密沉淀线时,若被检血清与抗原孔之间形成沉淀线,或阳性血清的沉淀线末端向毗邻的被检血清孔抗原侧偏弯,则此受检血清判为阳性,其中沉淀线粗的为强阳性,沉淀线细的为弱阳性。

(2)疑似　标准阳性血清孔与抗原之间的沉淀线末端似乎向毗邻受检血清孔内侧偏弯。当不易判定时,可将被检血清稀释 2、4、6、8 倍进行复试,最后判定结果。观察时间可延至第 5 日。

(3)阴性　受检血清与抗原之间不形成沉淀线,或者阳性血清的沉淀线向毗邻的受检血清孔直伸或向外偏弯,则此受检血清判为阴性。

在观察结果时,最好从不同角度仔细观察平皿上抗原与受检血清孔之间有无沉淀线。为了观察方便,可在与平皿有适当距离的下方放一张黑色纸片,可有助于检查。通常对 1 日龄雏鸡采血,进行琼脂扩散试验,来确定弱毒疫苗首次免疫日龄,首免时间常以琼脂扩散试验测定雏鸡母源抗体水平来确定。1 日龄雏鸡琼脂扩散试验抗体阳性率不到 80% 的鸡群,首免时间为 10～16 日龄;阳性率为 80%～100% 的鸡群,待到 7～10 日龄时再测一次抗体水平,其阳性率达 50% 时,首免时间为 14～18 日龄。在养鸡生产过程中,当传染性法氏囊病病毒变异株感染引起免疫失败时,可用当地分离的毒株制成灭活苗进行免疫接种,常会得到良好的效果。

3.2.4　凝集反应

细菌、红细胞等颗粒性抗原与相应抗体结合后,在电解质的参与下,经过一定时间,颗粒抗原被凝集而形成肉眼可见的小团块,称为直接凝集反应。反应中的抗原称为凝集原,抗体称为凝集素。按操作方法可分为玻板凝集法及试管凝集法等。

(1)玻板凝集法最为常用(以布氏杆菌为例)　布氏杆菌病的玻片凝集反应操作方法如下:取一块清洁的玻璃板,用玻璃铅笔划成 5 行小格,然后滴加待检血清、虎红平板凝集抗原各 0.03 ml,再用火柴杆搅拌混合,并置于室温下 3～5 min,按反应的出现情况判定结果:若出现块状凝集或颗粒状沉淀,则判为阳性;若出现均匀浑浊,则判为阴性。

(2)试管凝集法　试管凝集法是在试管中倍比稀释待检血清(图 3-4),加入已知颗粒性抗原进行的凝集反应,可用于定量检测抗体,如诊断伤寒病的肥达试验。

试管凝集反应时,抗原与抗体结合出现明显可见反应的最大的抗血清或抗原制剂稀释度称为效价,又称为滴度。

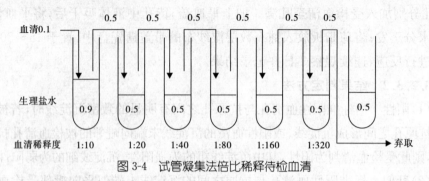

图 3-4　试管凝集法倍比稀释待检血清

3.2.5　变态反应

结核菌素试验在兽医检疫中应用最广,准确性也较高。据早期学者报道,其准确率为 96%~98%。结核病患畜对结核菌素的反应是一种迟缓型变态反应。结核病患畜的变态反应因试验方法不同,可以是全身性的,也可以是局部性的。将结核菌素注射于患结核病牛的静脉内,可发生全身性反应,轻者表现为体温升高,重者表现为体温急剧下降,此外还表现为嗜睡、拱背、呼吸困难和白细胞减少,最后死亡。剖检可见肝、脾、肺、肾上腺、肠和结核病灶周围出血和充血。

将结核菌素注射于患畜皮内,可发生局部反应,注射数小时后,注射部位发生红肿,并在 24~72 h 内发展成一个肿硬区。在组织学上,反应的特点是白细胞浸润,并在血管周围堆积,形成"血管周围岛"。早期病灶可看到血管反应,表现为血管扩张,有些血管形成血栓和白细胞渗出;其后不久巨噬细胞和淋巴细胞浸润占优势。只有在严重反应的情况下,才有相当数量的多形核白细胞堆积,而达到这种反应程度时,通常发生坏死。

3.2.5.1　结核菌素的类型

结核菌素常按制造菌种的型别来命名,如用牛型菌制作的称为牛型结核菌素,用禽型菌制造的称为禽型结核菌素等。人型结核菌素和牛型结核菌素在性质上和效能上基本相同,可以交互使用,而且制造菌种都是哺乳类结核病的病原菌,因此,常把这两种菌素总称为哺乳型结核菌素。结核菌素按制造方法和纯净程度的不同,分为老结核菌素、合成培养基结核菌素和提纯蛋白质衍生物结核菌素三种。在我国,对牛试验规定用牛型结核菌素且不稀释,结核菌素含量大致与国际标准结核菌素相同,采用点眼和皮内注射的方法,剂量为 0.1 ml。有些国家采用尾皱褶皮内一次注射法,剂量为 0.05 ml。

3.2.5.2　结核菌素皮内注射法

(1)准备工作　用品有牛型结核菌素、酒精棉、卡尺、注射器、针头、工作衣帽、口罩、胶靴、记录表等。注射部位及术前处理:将牛只编号后,在颈侧中部上 1/3 处剪毛,直径约为 10 cm,用卡尺测量术部中央皮皱厚度,并做好记录。如术部皮肤有变化时,应另选部位或在对侧进行。对于 8 个月内的犊牛,可在肩胛部进行。

(2)注射剂量　8 个月以内的小牛注射结核菌素原液 0.1 ml;3 个月至 1 岁的牛注射结核菌素原液 0.15 ml;12 个月以上的牛注射结核菌素原液 0.2 ml。

(3)注射方法　先消毒术部,然后皮内注入定量的牛型结核菌素。注射后局部应出现小泡,如注射有疑问时,另选 15 cm 以外的部位或在对侧重做。

(4)观察反应　皮内注射后,应分别在第 72 h、第 120 h 进行 2 次观察。应仔细观察局部有无热、疼、肿胀等炎性反应,并以卡尺测量术部肿胀面积的大小和皮皱厚度,做好详细记录。

(5)在第 72 h 观察后对呈阴性和可疑反应的牛,须在第 1 回注射的同一部位,用同一剂量进行第 2 回注射,第 2 回注射后应于第 48 h(即 120 h)再观察 1 次,观察项目同上,均应做好详细记录。

(6)结核菌素皮内注射反应的判定标准如下。

①阳性反应。局部发热,有痛感并呈现界限不明显的弥漫性水肿,硬软度如面团或硬片,其肿胀面积在 35 mm×45 mm 以上者,或上述反应较轻而皮差超过 8 mm 以上者,为阳性反应。其记录符号为(＋)。

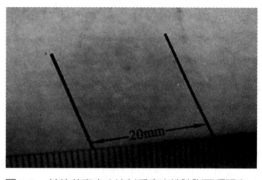

图 3-5　结核菌素皮内注射反应炎性肿胀面积观察

②可疑反应。炎性肿胀面积在 35 mm×45 mm 以下,皮差在 5～8 mm 之间者,为可疑反应(图 3-5)。其记录符号为(±)。

③阴性反应。无炎性水肿,皮差不超过 5 mm,或仅有坚实冷硬的、界限明显的硬结者,为阴性反应。其记录符号为(一)。

3.2.5.3　结核菌素点眼法

(1)准备工作　用品有结核菌素、硼酸棉球、点眼器、工作衣帽、口罩、胶靴、记录表等。

(2)用牛型结核菌素点眼,每次进行 2 回,间隔为 3～5 日。

(3)点眼前对两眼做详细检查,注意眼结膜有无变化,在正常时方可点眼。有眼病或结膜不正常者,不可做点眼检疫。

(4)一般将结核菌素点于左眼,若左眼有病,则点于右眼,但须在记录上注明。第 2 回点眼必须与第 1 回相同,用量为 3～5 滴(0.2～0.8 ml)。

(5)点眼时,助手固定牛只,术者用 1% 硼酸棉球擦净眼部外围的污物,以左手食指和拇指使瞬膜与下眼睑形成凹窝,右手持点眼器滴入 3～5 滴。如点眼器接触结膜或污染时,必须再次消毒使用。

(6)点眼后,注意将牛拴好,防止风沙侵入眼内,避免阳光直射、牛头部以及牛与周围物体摩擦。

(7)用结核菌素点眼后,应于第3h、6h、9h各观察1次,必要时可观察第24h的反应,及时做好记录。在观察反应时如有必要,可做翻眼检查。

(8)观察反应时,应观察结膜和眼睑肿胀的状态以及眼泪和分泌物的性质与量的多少。因结核菌素引起的饮食减少或停止以及全身战栗、呻吟、不安等其他变态反应,均应详细记录。

(9)结核菌素点眼的判定标准如下。

①阳性反应。有两个大米粒大小或2 mm×10 mm以上的黄白色脓性分泌物自眼角流出,或散布在眼的周围,或积聚在结膜囊和眼角内,或上述反应较轻,但有明显的结膜充血、水肿、流泪并有其他全身反应者,为阳性反应。其记录符号为(+)。

②疑似反应。有两个大米粒大小或2 mm×10 mm以上的灰白色、半透明的黏液性分泌物积聚在结膜囊内或眼角处,并无明显的眼睑水肿及其他全身症状者,为可疑反应。其记录符号为(±)。

③阴性反应。无反应或仅有结膜轻微充血,流出透明浆液性分泌物者,为阴性反应。其记录符号为(-)。

3.2.5.4　综合判定

凡用两种方法(结核菌素皮内注射和点眼法)结合进行检疫牛只的判定,两种方法中的任何一种呈阳性反应者,即判定为结核菌素阳性反应牛。两种方法中任何一种为可疑反应者,即判定为可疑反应牛。

3.2.5.5　复检

(1)凡判定为可疑反应的牛只,应于25~30日后进行复检。其结果仍为可疑反应时,经25~30日后再行复检,如仍为可疑反应时,可酌情处理。

(2)如在健康牛群中检出阳性反应牛时,应于30~45日后进行复检,若连续3次检疫不再发现阳性反应牛,则仍认定是健康牛群。

3.2.6　胶体金免疫层析技术

胶体金免疫层析技术是一种新型的检测方法,具有简单快速、结果清晰、可通过肉眼判定结果、无需复杂操作技巧和特殊设备、灵敏度高、无污染、携带方便等优点。

(1)胶体金免疫层析技术检测原理　将已知的特异性抗原或抗体固定于硝酸纤维素膜上某一区带作为检测带,在样品区滴加样品后,借助毛细作用,样品泳动至玻璃纤维膜,使金标复合物溶解,并与样品进行抗原抗体反应,形成复合物;继续泳动至硝酸纤维素膜的检测区,带有金标记的复合物被检测区抗原或抗体捕获,呈现红色条带。如样品中没有待测抗原或抗体,则不发生结合,即不显色。一般在硝酸纤维素膜检测区附近再固定上针对金标结合物相应的抗原或抗体作为质控带,无论样品中有无待测物,质控线都应显示,如无质控带,则检测失败。一般整个过程在 15 min 内完成,该操作简单、快速,且不需任何仪器。

(2)胶体金免疫层析试纸条组成结构(图 3-6):吸水纸(样品垫);玻璃纤维膜(胶体金垫),膜上吸附着干燥的金标抗体(流动带);硝酸纤维素膜,膜上包被着抗原或抗体条带和能与标记物直接反应的质控物条带(检测带);吸水纸。以上各组分首尾互相衔接。

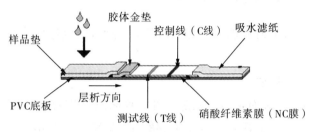

图 3-6　胶体金免疫层析试纸条组成结构

(3)胶体金免疫层析技术检测步骤(图 3-7):打开包装,取出试纸条;直接插入待测样品中;目测读出结果(3～10 min)。

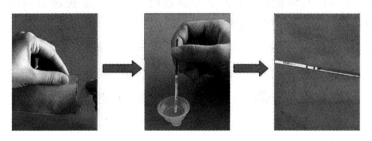

图 3-7　检测步骤

(4)结果判读(图 3-8)。

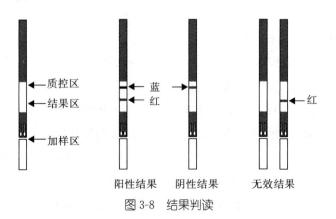

图 3-8　结果判读

第4章 血、粪、尿、皮肤检查

4.1 血液样品的采集与抗凝

4.1.1 血液样品的采集

根据检验项目、采血量的多少以及动物的特点,可以选用末梢采血、静脉采血和心脏采血。

4.1.1.1 末梢采血

末梢采血适用于采血量少、血液不加抗凝剂而且直接在现场检验的项目,如制作血涂片。马、牛等可在耳尖部采血,猪、羊、兔等在耳背边缘小静脉采血,鸡则在冠或肉髯采血。末梢采血的具体操作步骤如下:先保定好动物,在采血部位局部剃毛,用70%酒精消毒皮肤表面,充分晾干后,用消毒针头刺入约0.5 cm深或刺破小静脉,让血液自然流出,擦去第一滴血(因其混有皮肤表面杂质、组织液而影响结果准确测定),用吸管直接吸取第二滴血做检验。临床实践发现,在血液寄生虫检查时,第一滴血的检出率较高。因此,如怀疑动物发生寄生虫感染的疾病时,应选择第一滴血进行检验。穿刺后,如血流停止,应重新穿刺,不可用力挤压,防止细胞形态发生改变而造成误检。鸡血比其他家畜血更易凝固,故吸血时操作要快速敏捷。

4.1.1.2 静脉采血

静脉采血适用于采血量较多,或在现场不便检查的项目,如血沉测定、红细胞压积容量测定及全面的血常规检查等。除制备血清外,静脉血均应置于盛有抗凝剂的容器中,混匀后以备检查。

马、牛、羊一般多选取颈静脉采血。保定好动物后,先在穿刺部位(颈静脉沟上1/3与中1/3交界处)剪毛消毒,然后左手拇指压紧颈静脉近心端,使之怒张,右手拇指和食指捏紧消毒、干燥的采血针体,食指腹顶着针头,迅速、垂直地刺经皮肤并进入颈静脉,慢慢向外调整针的深度。待血液流出时,让血液沿容器壁缓慢注入盛有抗凝剂的容器中,并轻轻晃动,以防血液凝固。奶牛还可在乳静脉采血。

猪可在耳静脉或断尾采血,如果在小猪的耳静脉采血有困难,必要时可在前腔静脉采血。将猪仰卧保定后,把两前肢向后方拉直,同时将头向下压,使头颈伸展,充分暴露胸前窝;常规消毒后,手执注射器,使针尖斜向对侧后内方,与地面呈

60°角,向右侧或左侧胸前窝刺入,边刺边回抽,进针2～4 cm深即可抽出血液。然后拔出注射器,除去针头,将血液慢慢注入盛有抗凝剂的容器中。

禽可在内侧的翅静脉采血,先拔去羽毛,消毒后用小针头刺入静脉,让血液自然流入盛有抗凝剂的容器中即可。

犬、猫及其他肉食兽可在四肢的静脉采血,如在隐静脉采血时,进行局部剪毛消毒,助手在跗关节的上部握住股部,以固定后腿并使血管怒张,同时用注射器刺入,即可抽出血液。

4.1.1.3 心脏采血

禽和实验小动物需要血量较多时可用本法。如鸡的心脏采血,将鸡右侧卧保定,左胸部向上,用10 ml注射器接上5 cm长的20号针头,在胸骨脊前端与背部下凹处连线的中点,垂直或稍向前内方刺入2～3 cm,即可采得心血。成年鸡每次可抽血5～10 ml。再如兔的心脏采血,将兔在固定板上仰卧保定,进行局部剪毛消毒,用左手后4个手指按紧兔的右侧胸壁,拇指感触兔左侧胸壁心脏搏动最强处,右手持注射器垂直刺入,边刺边回抽,如刺中右心室,可得暗红色的静脉血;如刺中左心室,则抽出鲜红色的动脉血。成年兔每次可抽血10～20 ml。

4.1.2 血液样品的抗凝

4.1.2.1 血液样品的抗凝

除了需要分离血清外,自静脉或心脏采出的血液均应加入抗凝剂,以防血液样品凝固。临床上根据凝血的基本过程,制备了几种常用的抗凝剂。除肝素(具有抗凝血酶的作用)外,多数抗凝剂具有脱钙作用,而使血液不能凝固。常用的抗凝剂有下列几种。

(1)双草酸盐合剂 取草酸铵1.2 g、草酸钾0.8 g、蒸馏水100 ml配制成溶液。取此溶液0.5 ml(分装于小瓶中,在60 ℃以下的烘箱中烘干),可使5 ml血液不能凝固。由于草酸钾使红细胞皱缩,而草酸铵使红细胞膨胀,故二者按比例混合,可使红细胞大小不发生改变,适用于血液检验,尤其是红细胞压积容量测定。但由于该溶液具有一定毒性并可使血小板聚集,因此,不宜作输血及血小板计数的抗凝剂。

(2)乙二胺四乙酸二钠(EDTA-2Na) 常配制成10%的水溶液,按每5 ml血液加入1～2滴使用;也可以将其水溶液2滴置于小瓶中,在60 ℃以下烘干备用。此抗凝剂的抗凝作用强,能保持血细胞的形态,可防止血小板聚集,因此,最适于血液学尤其是血液有形成分的检验。输血时不能用EDTA-2Na。

(3)柠檬酸钠 配成3.8%溶液,此抗凝剂1份与血液9份混合可取得良好的抗凝效果,主要用于输血和血沉测定。由于Na^+和柠檬酸根的存在,因而此抗凝剂不适合用于血液化学检验。

（4）肝素　配成 1‰ 水溶液，放于冰箱内保存。用 0.1 ml 此液可抗凝 5 ml 血液，用此液湿润注射器筒，采血 5 ml 可不致凝固。此剂的抗凝作用强，适用于血液有机和无机成分的分析；缺点是价格贵，抗凝时间短，其抗凝血作白细胞分类计数时，血细胞着色不佳。

4.1.2.2　血液样品的处理

血涂片应先预固定。如果要分离血浆，可把抗凝血以 2000～3000 r/min 离心 5～10 min 或在室温下静置沉淀，上层液体即为血浆。需要分离血清时，将装有凝固血样（未加抗凝剂）的试管置于室温或 37 ℃ 水浴 0.5 h，用竹签将血凝块从管壁慢慢剥离并继续保温，促使血清析出。再经电动离心后，尽快把血清分离到另外的试管中，一般不要迟于血凝后 45 min，以减少细胞内、外成分的变动。

血液样品最好立即进行检验，否则，必须密封后放入冰箱内保存。用抗凝血做有关化验项目的最长保存时限如下：白细胞计数为 2～3 h，红细胞计数为 24 h；红细胞压积容量测定为 24 h；血红蛋白测定为 2～3 天，血沉测定为 2～3 h，血小板计数约为 1 h；网织红细胞计数为 2～3 h。

4.2　红细胞计数

4.2.1　器材和试剂

（1）改良式血细胞计数板　临床上最常用的是改良纽巴（Neubauer）氏计数板，它由一块特制的玻璃板构成，玻璃板中间有一条横沟，将其分为三个狭窄的平台，两边的平台较中间的平台高 0.1 mm。中央平台又有一条纵沟相隔，其上各刻有一个计数室。每个计数室划分为 9 个大方格，每一个大方格的面积为 1.0 mm²，深度为 0.1 mm；四角的每一个大方格划分为 16 个中方格，用于计数白细胞。中央一个大方格用双线划分为 25 个中方格，每个中方格又划分为 16 个小方格，共计 400 个小方格，用于红细胞计数。

（2）血盖片　专用于计数板的盖玻片呈长方形，厚度为 0.4～0.7 mm。常用的血盖片大小为 24 mm×20 mm×0.6 mm。

（3）其他器材和试剂包括沙利氏吸血管或红细胞稀释管、5 ml 吸管、中试管以及显微镜、计数器、0.85% 氯化钠溶液等。

4.2.2　操作方法

（1）吸液　用 5 ml 吸管吸取红细胞稀释液 3.98 ml，置于试管中。

（2）稀释　用血红蛋白吸管吸取供检血样至 20 μl 处,用干脱脂棉拭去管尖外壁附着的血液,然后将血红蛋白吸管插入已盛有稀释液的试管底部,缓缓放出血液;再吸取上清液,反复冲洗沾在吸管内壁上的血液数次;给试管加上塞子,颠倒混合数次,使血液与稀释液充分混合,即成 200 倍的稀释血液。每次用完血红蛋白吸管后,先用清水吸吹数次,然后用蒸馏水、无水乙醇和乙醚按顺序吸吹数次,晾干后备用。

（3）找计数室　取洁净干燥的计数板和血盖片,将血盖片紧密覆盖于血细胞计数板上;将血细胞计数板置于显微镜镜台上,在低倍镜下寻找计数室。

（4）充液　用血红蛋白吸管或 1 ml 刻度吸管吸取已摇匀的稀释好的血液,使吸管尖端接触血盖片边缘和计数室空隙处,稀释血液即可自然引入并充满计数室。充液不可过多或过少,过多则溢出而流入两侧槽内,且使血盖片浮起;过少则使计数池中形成空泡,以致无法计数。

（5）计数　将计数室充液后,应静置 1~2 min,待红细胞分布均匀并下沉后开始计数。将计数板置于镜台上,镜台应保持水平。若镜台不保持水平,则计数室内液体流向一侧,会影响计数结果。在中央大方格内选择四角与中央的 5 个中方格,每个中方格内有 16 个小方格,所以,共计 80 个小方格。计数时要按照"数左不数右,数上不数下"的原则,并按一定顺序和方向计数。

（6）计算　80 个小方格内红细胞个数×10^{10}/L。

（7）正常参考值　健康家畜除山羊[其红细胞数值为$(1.72\pm0.30)\times10^{13}$/L]外,红细胞数值为$(6\sim8)\times10^{12}$/L。

4.3　白细胞计数

白细胞计数是指计算每升血液中所含白细胞的数目。白细胞计数的方法有显微镜计数法和血细胞电子计数器计数法等。

（1）原理　用稀释液将红细胞破坏,混匀后充入计数池中,在显微镜下计数一定容积中的白细胞数,经换算求出每升血液中的白细胞总数。

（2）器材　1.0 ml 或 0.5 ml 刻度吸管,其他与红细胞计数的器材相同。

（3）试剂　白细胞稀释液可用 1%~2% 冰醋酸溶液,其中加入 1% 结晶紫液 1 滴,以便与红细胞稀释液相区别。

（4）试管稀释法　用 1 ml 吸管吸取白细胞稀释液 0.38 ml（也可吸 0.4 ml）,置于一支小试管中。用沙利氏吸血管吸取被检血液至 20 μl 处,擦去管外黏附的血液,吹入小试管中,反复吸吹数次,以洗净管内所黏附的白细胞,充分振荡混合。再用毛细吸管或沙利氏吸血管吸取被稀释的血液,充入已盖好盖玻片的计数室内,静置1~2 min后,用低倍镜检查。将计数室四角的四个大方格内的全部白细胞依次数完,注意压在左线和上线的白细胞计入,压在右线和下线的白细胞不计入。

计算: $x/4 \times 20 \times 10 =$ 白细胞数$/\mu$l。

x 指四角的四个大方格内的白细胞总数;$x/4$ 指一个大方格内的白细胞数;20指稀释倍数;10指血盖片与计数板的实际高度为 $1/10$ mm,乘10后则为 1 mm。

上式简化后为 $x \times 50 \times 10^6 =$ 白细胞数$/$L。

注意事项:防止把尘埃异物与白细胞混淆,可用高倍镜观察(白细胞有细胞核的结构,而尘埃异物的形状不规则,且无细胞结构)。计数室内细胞分布要均匀,每个大方格内的白细胞数差异不得超过 $\pm 10\%$。

正常值:马、骡、驴、牛、绵羊的白细胞正常值为 $(8 \sim 9) \times 10^9$ 个$/$L;山羊、猪的白细胞正常值为 $(1.3 \sim 1.4) \times 10^{10}$ 个$/$L。

4.4 白细胞分类计数

白细胞分类计数是将被检血液推片染色,在显微镜下观察、计数并求出各种白细胞所占的百分率。外周血液中的白细胞主要有5种,即嗜中性粒细胞、嗜酸性粒细胞、嗜碱性粒细胞、淋巴细胞和单核细胞,它们各有其特定的生理机能,正常情况下这5种白细胞之间有一定的比例。

但在病理情况下,白细胞总数的变化反映机体防御机能的一般状态,各种白细胞之间百分比的变化则反映机体防御机能的特殊状态。由于白细胞总数的增减并不一定表示各类白细胞平均增多或减少,常常仅限于某一种或两种白细胞数的变化,从而引起白细胞之间百分比的相对改变。因此,白细胞计数对疾病的诊断具有一般意义,而白细胞分类计数则具有具体意义,在分析临床意义时,必须把二者结合起来。

4.4.1 原理

白细胞分类计数法是将血液制成分布均匀的薄膜涂片,并用复合染料染色,根据各类白细胞着色特征予以分类计数,得出相对比值(百分率),以观察数量、形态和质量的变化,对疾病有辅助诊断意义。

4.4.2 实验器材及试剂

(1)器材 载玻片、染色缸及支架、洗瓶、显微镜及镜油、白细胞分类计数器、吸水纸、松柏油、二甲苯、擦镜纸、滤纸、蜡笔等。

(2)瑞(Wright)氏染液　瑞氏染色粉(伊红美蓝)0.1 g,甲醇 60.0 ml 和中性甘油 1 ml。将染色粉置于研钵中,加少量甲醇研磨,使其溶解;将已溶解的染液倒入洁净的棕色玻璃瓶中,向剩下未溶解的染料中再加入少量甲醇研磨,如此反复操作,直至全部染料溶解并用完甲醇。甲醇的纯度至少为 AR 级,否则常因含甲酸而影响染色性能。染液中加甘油是为了防止甲醇挥发,并可使细胞着色更为清晰。严密塞紧,注明配制日期,在室温中保存 7 日后即可使用。新配的染液偏碱性,放置后可呈酸性。保存时间愈久,染色能力愈佳。

(3)缓冲液(pH 为 6.4～6.8)　取无水磷酸氢二钠(Na_2HPO_4)2.56 g,磷酸二氢钾(KH_2PO_4)6.64 g,加蒸馏水至 1000 ml。

4.4.3　实验方法

(1)涂片　取无油脂的洁净载玻片数张,选择边缘光滑的载玻片作为推片(作为推片的载玻片一端的两角应磨去,也可用血细胞计数板的盖片作为推片),用左手的拇指及中指夹持载玻片,右手持推片;先取被检血一小滴,放于载玻片的右端,将推片倾斜 30°～40°角,使其一端与载玻片接触并放于血滴之前,然后向后拉动推片,使其与血滴接触,待血液扩散形成一条线之后,以均等的速度轻轻向前推动推片,则血液被均匀地涂于载玻片上而形成一薄膜。良好的血片上血液应分布均匀,厚度适当。对光观察时血液呈霓红色,血膜应位于载玻片的中央,两端留有空隙,以便注明畜别、编号及日期。

(2)染色　瑞氏染色法是最常用的染色法之一。用蜡笔在自然干燥的血片的血膜两端各画一条横线,以防染液外溢。将血片置于水平支架上,滴加瑞氏染液于血片上,并计其滴数,直至将血膜浸盖;待染色 1～2 min 后,滴加等量缓冲液或蒸馏水,轻轻吹动,使之混匀,再染色 4～10 min,用蒸馏水冲洗、吸干,用油镜观察。

(3)分类计数　先用低倍镜检视血片上白细胞的分布情况,一般是粒细胞、单核细胞及体积较大的细胞分布于血片的上、下缘及尾端,淋巴细胞多在血片的起始端,且以涂片中心地带居多。滴加显微镜镜油,用油镜头进行分类计数。

计数时,为避免重复和遗漏,可用四区、三区或中央曲折计数法推移血片,以记录每一区的各种白细胞数。每张血片最少计数 100 个细胞,连续观察 2～3 张血片,求出各种白细胞的百分比。记录时,可用白细胞分类计数器,也可事先设计一张表格,用画"正"字的方法记录,以便于统计百分数。

(4)正常值(见表 4-1)。

表 4-1　各种动物的白细胞分类正常平均值(%)

动物种类	嗜碱性粒细胞	嗜酸性粒细胞	嗜中性粒细胞			淋巴细胞	单核细胞
			晚幼细胞	杆型核粒细胞	分叶核粒细胞		
马	0.5	4.5	0.5	4.0	54.0	34.0	2.5
牛	0.5	4.0	0.5	3.0	53.0	57.0	2.0
羊	0.5	4.5	—	3.0	33.0	55.5	3.5
猪	0.5	2.5	1.0	5.5	32.0	55.0	3.5
骆驼	0.5	8.0	1.0	6.5	47.0	35.0	2.0

4.5　血液生化检测方法

血液生化检查是针对血液的一种检查。一般采用生化快速检测仪即可快速获得结果,主要检测指标如下。

(1)丙氨酸氨基转移酶(简称转氨酶)是衡量肝功能受损情况的一项指标。转氨酶存在于肝细胞的线粒体中,只要肝脏发生炎症、坏死、中毒等,转氨酶就会由肝细胞释放到血液中。因此,肝脏本身的疾患可引起不同程度的转氨酶升高。

(2)肌酐、尿素氮是衡量肾功能的一项指标。当肾功能发生障碍时,代谢废物不能够排出体外,以致大量含氮废物和其他毒性物质在体内积累,内环境稳态被破坏。

(3)血清葡萄糖是血液中血糖浓度的一项指标,对于诊断以及指导治疗糖尿病具有重要意义。

(4)甘油三酯和总胆固醇是衡量血液中血脂水平的一项指标。血脂是血液中各种脂质的总称,其中最重要的是胆固醇和甘油三酯。

无论是胆固醇含量增高,还是甘油三酯含量增高,或是两者都增高,都称为高脂血症。高脂血症与冠心病有密切的关系。

4.6　粪便检查

4.6.1　粪便检查方法

粪便检查首先要注意正常粪便与异常粪便的区别,可从粪便的形状、色泽、湿度、气味和有无混杂物及饲料消化状态等方面加以鉴别。

4.6.1.1　正常粪便

刚出壳尚未采食饲料的幼雏排出的胎粪为白色和深绿色稀薄液体,主要成分是肠液、胆汁和尿液,有时也混有少量从卵黄囊吸收的蛋黄。家禽的粪便分为小肠粪和盲肠粪,有时混同排出,有时分别排出。正常鸡的小肠粪常为圆柱形,细而弯曲,不软不硬,多为棕绿色或黑绿色,粪的表面附有白色的尿酸盐;盲肠粪一般在早晨单独排出,常为黄棕色或褐色糊状,有时也混有尿酸盐。尿酸盐是禽类尿液中的正常排泄物,常与粪便同时排出。

粪便的颜色因饲料的种类不同而有差异。例如,饲喂鱼、肉较多时,粪便色泽乌黑;喂青饲料较多时,粪便呈绿色或淡棕色;舍饲不喂青料时,粪便呈黄褐色。此外,鸡处于饥饿状态时,若饮水量较多,则排出的全是水样的白色粪便(主要是尿液);当喂料后,粪便又恢复正常。

4.6.1.2　异常粪便

在病理状态下,禽的粪便有以下几种异常变化。

(1)白色糊状稀粪　病鸡排出白色糊状或石灰样的稀粪,粘在肛门周围的羽毛上,有时结成团块,把肛门紧紧堵塞,这是由肠黏膜分泌大量黏液,尿液中尿酸盐成分增加所致的。白色糊状稀粪常见于雏鸡(7～20 日龄)白痢、家禽痛风(大量尿酸盐排出)和肾型传支等。

(2)绿色水样粪便　这种粪便是重病末期的征象,由于病鸡长时间食欲降低,甚至拒食,肠内空虚,肠黏膜发炎,肠蠕动加快,黏液分泌增加,单纯排出胆汁及水分排出过多,因此,粪便多为黄绿色。如同时排出尿液时,也可出现黄白色粪尿。绿色水样粪便常见于新城疫、禽流感、禽霍乱、鸡伤寒等急性传染病。

(3)带水软粪便　排粪量既多又软,周围带水,常见于饲料配合不当引起的消化不良,如饲料中豆饼、麸皮或水分含量过多等。

(4)棕色或黑褐色稀粪(即溏鸡屎)　溏鸡屎主要由肠道出血所致,常见于鸡的球虫病、出血性肠炎和某些急性传染病(如新城疫、伤寒、霍乱和大肠杆菌病等)。注意:小肠出血引起的血便颜色较深,呈黑褐色稀粪;大肠出血引起的血便颜色较浅,呈棕红色稀粪,甚至鲜红色血便。

(5)泡沫状稀粪便　稀便多为黏液样,并掺杂有小气泡,是由鸡舍过度潮湿、受寒感冒或核黄素缺乏引起的肠内容物发酵产气,而气泡混入粪便中所致的。

(6)蛋清蛋黄样粪便　排出黏稠半透明的蛋清或蛋黄样稀粪便,常见于母鸡前殖吸虫病(寄生于法氏囊和输卵管)、输卵管炎或新城疫等。

4.6.2　饱和食盐水漂浮法检测寄生虫

(1)制备饱和食盐溶液　将蒸馏水边加热边向其中加入 NaCl,直至 NaCl 不再溶解而生成沉淀(1000 ml 水中约加入 NaCl 370 g)。然后用滤纸(型号为中速

202)过滤,冷却(NaCl 略有析出)后使用。

(2)取粪便 将剖检的病兔尸体平放,提出胃、肠部分平放在方盘内,取十二指肠或盲肠内的粪便(粪便内最好略带血且不要过稀)5 g,放入容量为 50～60 ml 的宽口瓶或量筒中备用。

(3)卵囊富集方法 在盛有粪便的宽口瓶中加入少量的饱和食盐溶液(一般为容器容量的 1/2),用玻璃棒压碎粪便且搅拌混匀,搅拌时注意不要溅出溶液。搅拌好后将宽口瓶静置 40 min 左右。然后用四层纱布将静置好的液体过滤入另一只宽口瓶中,弃去粪渣,继续注入饱和食盐溶液至瓶口,要使瓶口液面凸起,但又不会溢出,静置 1.5 h 左右。

取一块干净透明的载玻片,将其覆盖于瓶口上,使载玻片底面与瓶内的液面相接触,勿使其有空隙;然后将载玻片轻而快地自瓶口向上提起,同时迅速翻转,使液面向上,勿使液体流落;取一块盖玻片,均匀地压在载玻片上,使盖玻片与液体充分接触,不要出现气泡。

镜检时将载玻片置于 10×10 倍的光镜下,调整显微镜,使视野清晰,并且光亮不必太强。调好视野后,可随意滑动载玻片的位置,仔细观察是否有球虫卵囊。在显微镜下观察到的球虫卵囊呈橄榄形,有枣核般大小,卵囊壁有的厚有的薄,一般光滑而均匀一致。由于球虫种类不同,因此,卵囊的形态(包括长卵圆形、长圆形、卵圆形、梨形、长椭圆形、宽卵圆形和筒形)和颜色(包括淡黄色、无色、橙黄色、淡绿色和淡灰色)略有差异。

4.7　尿液的检查

在临床检查中,经常注意了解和仔细观察家畜排出尿液的颜色、透明度、气味和黏稠度等,对某些疾病,特别是泌尿器官疾病的诊断具有重要意义(常规检查见 1.4 节)。

目前,常采用多联试纸条对尿液进行快速筛查分析,即尿常规检查。常规尿液试纸条检查项目主要包括 pH、蛋白质、隐血、比重、葡萄糖、酮体、尿胆原、硝酸盐、白细胞、胆红素、维生素 C 等。虽然尿液试纸条法快速简便,但受方法学限制,只能发挥定性和半定量作用,因此,检测结果受诸多因素影响,存在假阳性和假阴性。各指标的具体情况如下。

4.7.1　pH

肾脏参与机体内酸碱平衡调节,这种调节能力可以通过尿液 pH 反映出来。由于内源性酸产生偏多,因此,尿液容易偏酸,pH 为 5.0～6.0。一般情况下,采食后会出现"碱潮"现象,即尿液偏碱;酸性尿多见于进食肉食过多和某些种类的水果中毒、代谢性酸中毒、呼吸性酸中毒以及使用排结石药物(如碳酸钙)等;碱性尿多见于食草动物、代谢性碱中毒、呼吸性碱中毒、一些肾脏疾病(如肾小管性酸中毒)等。pH 检测需要新鲜尿标本,若尿液放置时间过久,则大多数细菌可分解尿素而释放氨,使尿液呈碱性,或者尿中碳酸缓冲对释放 CO_2,逸出至空气中,使尿液 pH 增高。

4.7.2　尿蛋白

正常生理情况下,少量蛋白质从肾小球滤过,几乎在近端小管被完全重吸收。因此,蛋白尿的出现往往提示肾小球滤过屏障受损和(或)肾小管重吸收能力降低。肾小球性蛋白尿常伴大分子量蛋白质丢失,一般大于 $1.5\,g/24\,h$;肾小管性蛋白尿常伴少量小分子量蛋白质丢失,一般小于 $2.0\,g/24\,h$。剧烈体育运动、脱水或发热、妊娠时,尿中可出现少量蛋白质。

4.7.3　尿糖

尿中出现葡萄糖,主要由于肾前因素——高血糖导致肾小球滤过的葡萄糖超出肾小管的重吸收阈值或肾性因素——肾小管的重吸收能力下降。如果尿糖呈阳性,应结合临床确定是生理性糖尿还是病理性糖尿。生理性糖尿多见于饮食过度、应急状态和妊娠;病理性糖尿多见于血糖升高引起的糖尿、肾小管功能受损所导致的肾性糖尿以及一些内分泌异常(如甲状腺功能亢进、嗜铬细胞瘤等)所引发的糖尿。服用大剂量维生素 C 或一些新型抗生素可以使结果呈假阳性,而高浓度酮体尿和高比重尿可以出现假阴性。

4.7.4　酮体

当机体不能有效利用葡萄糖或脂肪酸代谢不完全时,可导致大量酮体产生,此时尿液就会出现酮体。除了糖尿病酮症酸中毒外,酮尿也可见于长期饥饿、急性发热、低糖类饮食、中毒引起的呕吐和腹泻等情况。降压药物甲基多巴、卡托普利以及一些双胍类降糖药可使尿酮体检测呈阳性。苯丙酮尿症、尿液中存在酞类染料、防腐剂(8-羟喹啉)、左旋多巴的代谢产物等会导致检测结果呈假阳性;试纸条活性降低和酮体降解,会使检测结果呈假阴性。

4.7.5　隐血

用试纸条法测得尿隐血试验呈阳性,应高度怀疑为以下几种情况:

(1)血尿　多见于肾脏和泌尿系统的一些疾病(如肾小球肾炎、肾盂肾炎、肾囊肿、泌尿系统结石和肿瘤等)、肾外疾病、外伤、剧烈运动和服用一些药物(如环磷酰胺)。

（2）血红蛋白尿　常见于血管内溶血（如输血反应和溶血性贫血）、严重烧伤、剧烈运动（行军性血红蛋白尿）和一些感染。另外，尿中红细胞被破坏后也可释放血红蛋白。

（3）肌红蛋白尿　常见于肌肉损伤（如严重挤压伤、外科手术、缺血等）、肌肉消耗性疾病、皮肌炎、过度运动等。尿隐血试验呈阳性，应进一步通过显微镜镜检确认有无红细胞。尿中含有对热不稳定的酶或菌尿时，检测结果呈假阳性；尿中存在大量维生素 C 时，检测结果呈假阴性。

4.7.6　胆红素

如果血胆红素水平升高，用尿试纸条法可以检测到胆红素阳性。某些肝脏疾病如病毒性肝炎，可以出现尿胆红素升高。如果明确有血胆红素升高而尿胆红素阴性或可疑阳性，建议做特异性实验验证。尿胆红素阳性，也可以由肝内胆管堵塞引起，常见于胆总管结石、胰头癌、肝内炎症时管内压力增加所致胆汁反流。一些药物（如嘧啶）的代谢产物在低 pH 时有颜色，与检测物质本身反应的颜色相近，可以出现假阳性；胆红素见光易分解，尿液不新鲜或见光时间过长，检测结果可出现假阴性；尿中大量维生素 C 或亚硝酸盐会降低试纸条法的敏感性。

4.7.7　尿胆原

直接胆红素分泌入小肠腔后，经过一系列反应生成多种产物，尿胆原为主要产物之一，约 20% 的尿胆原被重吸收，进入肝肠循环，其中少量（2%～5%）进入血流从肾小球滤过。检测结果结合尿胆红素结果分析，有助于黄疸的鉴别诊断。尿中的一些药物代谢产物可与试纸块内试剂反应，导致假阳性；尿液中的卟胆原、吲哚类化合物以及黑色素原等，也常导致假阳性；使用甲醛作为防腐剂或标本存放不当，使尿胆原被氧化成尿胆素，检测结果可呈假阴性。

4.7.8　亚硝酸盐

正常饮食中含有硝酸盐，并以硝酸盐形式而非亚硝酸盐形式从尿液排泄。尿路感染时，致病菌大多数含有硝酸还原酶，可以将硝酸盐还原为亚硝酸盐。影响亚硝酸盐形成的因素有：病原菌必须能够利用硝酸盐；尿液在膀胱中潴留 4 h 或以上；饮食中含有充分的硝酸盐。尿中亚硝酸盐测定常用于尿路感染的快速筛选试验。测定结果与尿液细菌培养结果的吻合率为 60%。假阳性可能源于体内一氧化氮被氧化成亚硝酸盐，并随尿液排出。一些药物的代谢产物或标本收集不当，会导致假阳性；大量维生素 C 和影响亚硝酸盐形成的因素，可导致假阴性。

4.7.9　维生素 C

正常动物尿液中的维生素 C 浓度过低，常见于维生素 C 缺乏病（坏血酸病）；

尿液中的维生素 C 浓度长期增高,可能与肾结石的形成有关。尿中维生素 C 浓度主要反映最近饮食中维生素 C 的摄入情况。尿中维生素 C 对试纸条法测定的其他项目有影响(如尿糖、尿红细胞、尿胆红素、尿亚硝酸盐等)。

4.7.10　沉渣镜检

尿液经过离心后的沉淀(简称尿沉渣)的显微镜检查(简称镜检)是尿液检查的重要内容。尿液镜检能检出尿中管型、细胞、结晶、细菌等微生物、寄生虫以及其他可见的定形和非定形成分。尿沉渣的常见成分如下。

(1)红细胞　显微镜下红细胞表现为无核、光滑、两面凹陷、适度的折光性和暗淡的圆盘状。根据显微镜下红细胞的形态,可将尿红细胞分为均一型(其形态与正常血液红细胞相似,大小一致)、多形型(红细胞的形态、大小不一)和二者约各占 50% 的混合型以及影红细胞(红细胞内没有血红蛋白)。红细胞表面"带刺",大小一致,也为均一型,这种红细胞称为"棘形红细胞"。棘形红细胞形成的原因主要是尿比重大,尿渗量高。低渗尿中,红细胞肿胀,血红蛋白释放,红细胞变为影红细胞。

尿中红细胞增多可见于:

①肾脏疾病。如多种肾小球肾炎、狼疮性肾炎、急性间质性肾炎、肾结核、肾梗死、肾静脉血栓、外伤(肾穿刺)、多囊肾、肾盂积水、肾结石、肾肿瘤及外伤性肾损害等。

②下尿路疾病。如尿路感染、结石、肿瘤、尿路狭窄、环磷酰胺治疗引起的出血性膀胱炎等。

③肾外病变。如急性阑尾炎、输卵管炎、憩室炎、肠道及骨盆肿瘤、发热等。

④药物的毒性反应。如磺胺类药物、水杨酸盐、乌洛托品和一些抗凝药物。

⑤剧烈体育运动。

(2)白细胞。

①中性粒细胞。尿中白细胞大多数是中性粒细胞。中性粒细胞数量增加多见于泌尿生殖系统的炎症、急性感染后肾小球肾炎、狼疮性肾炎、急性间质性肾炎等。在剧烈运动后,尿中白细胞也可增加。

②嗜酸细胞。将尿沉渣进行伊红 Y 染色,若细胞伊红 Y 染色呈阳性,表明尿液中存在嗜酸细胞;尿中检查见嗜酸细胞增加,常见于过敏性间质性肾炎,也见于 Churg-Strauss 综合征等。

③淋巴细胞。尿淋巴细胞的直径为 $6\sim9~\mu m$,易与中性粒细胞混淆。一般发生泌尿系统炎症时,由于中性粒细胞占绝大多数,因此,淋巴细胞易于漏检。肾移植患者体内淋巴细胞数上升。淋巴细胞数往往多于中性粒细胞数,常表明可能发生移植肾排斥反应。

④单核细胞和巨噬细胞。肾间质炎症往往伴有感染和免疫反应,可通过趋化

作用吸引单核细胞和巨噬细胞。

（3）上皮细胞　一般情况下，尿沉渣中可检出三类上皮细胞，即肾小管上皮细胞、移行上皮细胞和扁平上皮细胞。扁平上皮细胞最为常见，尤其是女性。尿中少量上皮细胞通常是细胞新老更替的生理现象。如果上皮细胞数量明显增加或形态出现异常，常提示上皮细胞来源部位发生病变或肿瘤。在肾缺血或肾小管毒性损伤（氨基糖苷类药物、重金属、免疫抑制剂、毒蕈等）时，尿中出现大量肾小管上皮细胞，严重者甚至出现肾小管上皮细胞管型或细胞团。

（4）集合管上皮细胞　在多种肾脏疾病发生时，如肾小球肾炎、急性肾小管坏死、肾移植排斥反应和水杨酸盐中毒等，来源于集合管的上皮细胞数量明显增加，尿液中有时可见集合管上皮细胞的碎片。尿沉渣中来源于集合管的上皮细胞碎片大于等于3个/HP，可见于伴有严重肾小管基底膜完整性破坏的肾小管损伤，也可见于缺血性肾小管坏死（伴有肾小管损伤和病理管型）。

（5）移行上皮细胞　移行上皮细胞覆盖于肾盂、输尿管、膀胱、输精管、前列腺排泄管和尿道表面，细胞大而薄。如果尿液中出现大量移行上皮细胞，提示尿路感染，也可见于留置尿管或其他尿路器械操作。如果没有上述原因，而尿中出现成片脱落的移行上皮细胞，则应警惕肾盂以下尿路移行细胞肿瘤，需行脱落细胞学检查。

（6）扁平上皮细胞　扁平上皮细胞是尿中最常见的上皮细胞，在尿沉渣检出扁平上皮细胞的临床意义不大。随着研究的深入，泌尿系统上皮细胞越来越得到关注，包括肾固有细胞——肾小球足细胞（podocyte）及病毒感染的肾小管上皮细胞。肾小球足细胞是肾小球滤过屏障的重要组成之一，足细胞病变到一定程度时，足细胞从肾小球基底膜剥离，出现于尿液中。受尿液理化因素的影响，足细胞在尿液中很难保持原有形状，须借助特殊细胞化学染色加以鉴定。尿液中足突细胞膜成分和足细胞数量有助于评价肾脏疾病的严重程度和对治疗的反应。

此外，尿中溶质在特定条件下沉淀，可形成晶体或非晶形固体析出。新鲜尿液中不会出现晶体，当尿液放置时间过久，尤其置于冰箱内时，晶体便会析出。仅有少数几种类型的晶体有临床意义。

尿液结晶分析如下：

①酸性尿结晶。尿酸形成无定形或非晶形盐（钠、钾、镁或钙）。镜下尿酸盐结晶有多种形状，典型的表现为扁平和四面体，在偏振光下尿酸会产生一系列干涉颜色。酸性尿中还可见其他结晶，如草酸盐结晶、胆红素结晶、胱氨酸结晶、亮氨酸结晶、胆固醇结晶等。

②碱性尿结晶。常见的碱性尿结晶包括无定形磷酸盐结晶和尿氨结晶、碳酸钙结晶等。无定形磷酸盐结晶常干扰尿沉渣镜检。此时，应嘱咐患者多饮水后重新留尿，即刻送检。

4.8　皮肤检查

通过问诊、视诊与观察皮肤进行皮肤检查，发现皮疹时，应观察病变部位的皮肤颜色、膨胀程度及弹力，并鉴别病变的分布、形态特征、原发疹与继发疹。主要的皮肤测试分为以下三种。

（1）刮皮检查　皮肤搔爬检查主要是为了检查疥疮、蠕形螨病、真菌等。用手术刀、锐匙蹭脱屑多的地方、脱毛部位和红斑、丘疹部位，然后进行检查。将从病变部位的被毛、脱屑、痂皮、丘疹等处所刮取的样本放在载玻片上，用 10%～15% 氢氧化钾溶液浸泡 10～20 min，然后用显微镜观察，或通过电磁炉等热源稍微加热后再观察。若极可疑为蠕形螨病或疥疮时，应向被检查的病变部位滴注矿物油，并用手指向上轻掐毛孔。最后，用手术刀或锐匙刮取其周围的矿物油，放在载玻片上观察。另外，在毛样检查的过程中，有时可从被拔取的被毛上检测出在其周围生存的蠕形螨。

（2）毛样检查　毛样检查是为调查皮肤真菌感染情况及毛的状态而进行的检查。检查皮肤真菌时，应用镊子拔取病变部位或病变周围的被毛，用 10% 氢氧化钾溶液浸泡后观察其中的孢子及菌丝。观察被毛状态时，将拔下的被毛放在滴有矿物油的载玻片上，观察毛根的形状、毛的折损方式以及切断方式。

（3）直接涂片检查　直接涂片检查主要用于检测细菌及马拉色霉菌。染色方法分为以下有三种。

①向发疹、病变部位直接按压载玻片并进行染色（图 4-4a）。

②向病变部位粘贴透明胶带，并将附着物贴在载玻片上进行染色（图 4-4b）。

③用灭菌的棉签擦拭病变部位并滚动涂抹在载玻片上进行染色，用于采集褶皱、趾间等狭窄区或耳道等部位的样本（图 4-4c）。

a.所需物品　　b.通过手术刀搔取　　c.通过锐匙搔取　d.将搔取下来的物体放在载玻片上

图 4-2　皮肤搔爬检查

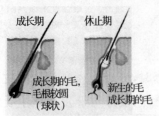

成长期　休止期

成长期的毛，
毛根较圆
（球状）

新生的毛
成长期的毛

a. 不同时期的毛

b. 掐住毛并拔出

c. 毛根较尖的
休止期的毛

d. 毛根较圆的成长期的毛

e. 毛的局部受损，可
以看出该处被咬过

图 4-3　毛样检查

a. 直接将载玻片压至皮肤

b. 耳垢的直接涂片检查，
可以观察到马拉色霉菌

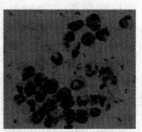

c. 脓包的直接涂片样本，
可以观察到多数球菌

图 4-4　涂片检查

第5章　临床常用药物及使用方法

5.1　影响药物作用的因素

药物的作用是药物与机体相互作用过程的综合表现,许多因素都可能干扰或影响这个过程,使药物的效应发生变化。这些影响因素包括药物方面、动物方面、饲养管理和环境方面的因素。

5.1.1　药物方面的因素

(1)剂量　药物的作用或效应在一定剂量范围内随着剂量的增加而增强,药物的剂量是决定药效的重要因素。临床用药时,除根据兽药典、兽药规范等决定用药剂量外,还要根据药物的理化性质、毒副作用和病情发展的需要适当调整剂量,才能更好地发挥药物的治疗作用。

(2)剂型　剂型对药物作用的影响,在传统的剂型如水溶液、散剂、片剂、注射剂等方面,主要表现为吸收快慢、多少的不同,从而影响药物的生物利用度。

(3)给药方案　给药方案包括给药剂量、途径、时间间隔和疗程。给药途径主要影响生物利用度和药效出现的快慢,静脉注射几乎可立即出现药物作用,其他依次为肌内注射、皮下注射和内服。

大多数药物治疗疾病时必须重复给药,给药时间间隔的确定主要根据药物的半衰期。有些药物给药一次即可奏效,如解热镇痛药、抗寄生虫药等,但大多数药物必须按规定的剂量和时间间隔连续给予一定的时间,才能达到治疗效果,称为疗程。抗菌药物更要求有充足的疗程才能保证稳定的疗效,并避免产生耐药性,绝不可给药1～2次后出现药效就立即停药。例如,抗生素一般要求2～3天为一疗程,磺胺药则要求3～5天为一疗程。

5.1.2　动物方面的因素

(1)种属差异　动物品种繁多,解剖和生理特点各异,不同种属的动物对同一药物的药动学和药效学往往有很大的差异。在大多数情况下表现为量的差异,即作用的强弱和维持时间的长短不同。例如赛拉嗪,牛对其最敏感,牛达到化学保定作用的剂量仅为马、犬、猫的1/10,而猪对其最不敏感,临床化学保定使用剂量是牛的20～30倍。又如链霉素等15种抗菌药,在马、牛、羊、猪的半衰期也表现出很大的差异。有少数动物因缺乏某种药物代谢酶,而对某些药物特别敏感,如猫缺乏葡萄糖醛酸酶,对水杨酸盐特别敏感,且作用时间很长。药物对不同种属动物的作用除表现出量的差异外,少数药物还可表现出质的差异,如吗啡对人、犬、大鼠和小鼠表现为抑制,但对猫、马和虎则表现为兴奋。

(2)生理因素　不同年龄、性别、怀孕或哺乳期的动物对同一药物的反应往往有一定差异,这与机体器官组织的功能状态,尤其与肝药物代谢酶系统有密切的关系。

(3)病理状态　药物的药理效应一般都是在健康动物试验中观察得到的,动物在病理状态下对药物的反应性存在一定程度的差异。不少药物对疾病动物的作用较显著,甚至需要在病理状态下才呈现药物的作用。

(4)个体差异　同种动物在基本条件相同的情况下,有少数个体对药物特别敏感,称为高敏性,另有少数个体则特别不敏感,称为耐受性。这种个体之间的差异,在最敏感和最不敏感之间约差 10 倍。

5.1.3　饲养管理和环境方面的因素

药物的作用是通过动物机体来表现的,因此,机体的功能状态与药物的作用有密切的关系。饲养方面要注意饲料营养全面,根据动物不同生长时期的需要合理调配日粮的成分,以免出现营养不良或营养过剩。

管理方面应考虑动物群体的大小,防止密度过大,房舍的建设要注意通风、采光和动物活动的空间,为动物的健康生长创造较好的条件。

5.2　合理用药的基本原则

(1)要做到准确使用抗生素,使用前最好做药敏试验,使用药具有针对性。

(2)对疾病的用药也要做到以使用疫苗和药物预防控制疾病为主要手段。

(3)用药时要注意正确配伍,如许多临床兽医将青霉素和磺胺嘧啶混合使用,使药效大大降低甚至消失。

(4)用药要有足够的有效剂量,若药量不够,则产生的效果不好。

(5)用药要有足够的疗程,一般为 3～5 天,期间不要随意更换药物。

(6)目前,市场上的大部分兽药名称不一,宣传的药效不一,但其有效成分可能是一样的,所以,临床用药要尽可能了解有效成分,以免延误有效治疗时间。

(7)临床上要注意,用活菌苗免疫时,不能用抗生素。

(8)对一个畜牧场来说,不要长期用同一种抗生素治疗,应隔一定时期更换一种抗生素,可防止耐药性产生,以提高治疗效果。

5.3　常用药物介绍

5.3.1　青霉素类

药物	用途	应用注意	用法与用量
青霉素	青霉素适用于革兰氏阳性菌、革兰氏阴性球菌、螺旋体和放线菌等敏感细菌所致的各种疾患,如猪丹毒、炭疽、气肿疽、恶性水肿、放线菌病、马腺疫、坏死杆菌病、牛肾盂肾炎、钩端螺旋体病及乳腺炎、子宫炎、肺炎、败血症等。治疗破伤风时宜与破伤风抗毒素合用	(1)青霉素注射液应在临用前新鲜配制。 (2)注意与其他药物的相互作用和配伍禁忌,以免影响青霉素的药效。 (3)青霉素的毒性虽低,但少数家畜可发生过敏反应,严重者出现过敏性休克或死亡。 (4)休药期:牛奶废弃期为3日	注射用苄青霉素钾(或苄青霉素钠),肌内注射:马、牛1万~2万单位;羊、猪、驹、犊2万~3万单位;犬、猫3万~4万单位;禽5万单位,一日2~3次,连用2~3日
氨苄西林	氨苄西林可用于革兰氏阳性和革兰氏阴性敏感菌引起的肺部、肠道、胆道、尿路等感染和败血症,如牛的巴氏杆菌病、肺炎、乳腺炎、子宫炎、肾盂肾炎、犊白痢、沙门菌肠炎等;猪的肠炎、肺炎、丹毒、子宫炎和仔猪白痢等;羊的乳腺炎、子宫炎和肺炎等	(1)对青霉素耐药的细菌感染不宜应用。 (2)对青霉素过敏的动物禁用;成年反刍动物禁止内服。 (3)本品溶解后应立即使用。其稳定性随浓度和温度而异。 (4)休药期:牛6日,猪15日,牛奶废弃期为2日	氨苄西林钠可溶性粉,内服:家畜、禽20~40 mg,一日2~3次,连用2~3日。注射用氨苄西林钠,肌内注射:家畜、禽10~20 mg,一日2~3次,连用2~3日
阿莫西林	用于牛的巴氏杆菌、嗜血杆菌、链球菌、葡萄球菌性呼吸道感染,坏死梭杆菌性腐蹄病,链球菌和敏感金葡菌性乳腺炎;犊牛的大肠杆菌性肠炎;犬、猫的敏感菌感染,如敏感金葡菌、链球菌、大肠杆菌、巴斯德菌和变形杆菌引起的呼吸道、泌尿生殖道和胃肠道感染及多种细菌引起的皮炎和软组织感染	参见青霉素和氨苄西林。 (1)本品在胃肠道的吸收不受食物影响。为避免动物发生呕吐、恶心等胃肠道症状,宜在饲后服用。 (2)牛内服的休药期为20日,注射休药期为25日,牛奶废弃期为4日	阿莫西林钠可溶性粉,内服:犊10 mg,犬、猫10~20 mg,一日2次,连用5日。注射用阿莫西林钠,皮下、肌内注射:牛6~10 mg,犬5~10 mg,猪5~15 mg,一日2次,连用3~5日

药物	用途	应用注意	用法与用量
氯唑西林	对耐药金葡菌有很强的杀灭作用,用于治疗动物的骨、皮肤和软组织的葡萄球菌感染	同青霉素	内服,犬、猫 20～40 mg,一日 3 次
羧苄西林	对绿脓杆菌、变形杆菌和大肠杆菌有较好的抗菌作用。与氨基糖苷类合用可增强抗菌作用	内服吸收较少,不适于全身治疗	肌内注射:家畜 10～20 mg,每日 2～3 次;犬、猫 55～110 mg

注:在用法与用量中,如无特殊说明,均指一次量,按每千克体重计。下表同。

5.3.2　头孢菌素类

药物	用途	应用注意	用法与用量
头孢噻吩（Ⅰ）	头孢噻吩为广谱抗生素,但对革兰氏阳性菌的活性较强,对革兰氏阴性菌的活性相对较弱。本品对葡萄球菌产生的青霉素酶最为稳定。大肠杆菌、沙门菌属、志贺菌属、克雷伯菌属等革兰氏阴性菌呈中度敏感,而肠杆菌、绿脓杆菌等均高度耐药。本品主要用于耐青霉素酶金黄色葡萄球菌及一些敏感革兰氏阴性菌所引起的呼吸道、泌尿道、软组织等感染及乳牛乳腺炎和败血症等	(1)对头孢菌素过敏的动物禁用,对青霉素过敏的动物慎用。(2)局部注射可出现疼痛、硬块,故本品应作深部肌内注射;肝、肾功能减退的病畜慎用。(3)稀释后的头孢噻吩钠注射液在室温中保存不能超过 6 h,冷藏(2～10 ℃)可维持效价 48 h	注射用头孢噻吩钠,临用时加适量注射用水溶解,肌内注射:马、牛 25 mg,小动物 20～35 mg,一日 3 次;家禽 10 mg,一日 4 次
头孢氨苄（Ⅰ）	头孢氨苄的抗菌谱相当于头孢噻吩,但其抗菌活性稍差。本品主要用于敏感菌所致的呼吸道、泌尿道、皮肤和软组织感染。对严重感染不宜应用	(1)本品可引起犬流涎、呼吸急促和兴奋不安及猫呕吐、体温升高等不良反应。(2)对头孢菌素过敏的动物禁用,对青霉素过敏的动物慎用	内服:马 20～30 mg,犬、猫 20 mg,一日 2～3 次
头孢噻呋（Ⅲ）	头孢噻呋具有广谱杀菌作用,对革兰氏阳性菌、革兰氏阴性菌包括产 β-内酰胺酶菌株均有效。其抗菌活性比氨苄西林强,对链球菌的活性也比喹诺酮类抗菌药强。本品可用于敏感菌如巴斯德菌、放线杆菌、嗜血杆菌、沙门菌、链球菌、葡萄球菌等感染引起的疾病	(1)注射用头孢噻呋钠,用前加注射用水溶解,2～8 ℃冷藏保效 7 日,15～30 ℃室温中保效 12 h。(2)盐酸头孢噻呋混悬注射液的休药期为:牛 2 日。(3)主要经肾排泄,对肾功能不全的动物要注意调整剂量	注射用头孢噻呋钠,肌内注射:牛 1～2 mg,马 2～4 mg,猪 3～5 mg,一日 1 次,连用 3 日。皮下注射:犬 2.2 mg,一日 1 次,连用 5～14 日

5.3.3 β-内酰胺酶抑制剂

药物	用途	应用注意	用法与用量
克拉维酸	抗菌活性微弱	本品不单独用于抗菌,与氨苄西林或阿莫西林[1:(2~4)]组成复方制剂	内服:10~15 mg,一日 2 次
舒巴坦	与氨苄西林(1:1)使用可使葡萄球菌、嗜血杆菌、巴氏杆菌、大肠杆菌、克雷伯杆菌的敏感性增强,用于呼吸道、泌尿道和消化道等感染	仅供注射用,不能内服	注射:20~50 mg,一日 2 次

5.3.4 氨基糖苷类

药物	用途	应用注意	用法与用量
链霉素	链霉素对结核杆菌和多种革兰氏阴性杆菌有较强的抗菌作用;对金黄色葡萄球菌等多数革兰氏阳性球菌的作用差。链球菌、绿脓杆菌和厌氧菌对本品耐药。细菌接触本品后极易产生耐药性。本品主要用于治疗各种敏感菌的急性感染,如家畜的呼吸道感染(肺炎、支气管炎等)、泌尿道感染、放线菌病、钩端螺旋体病、细菌性胃肠炎、乳腺炎及家禽的呼吸系统疾病等	(1)链霉素对其他氨基糖苷类有交叉过敏现象。对氨基糖苷类过敏的患畜应禁用本品。(2)患畜出现失水或肾功能损害时慎用。(3)用本品治疗泌尿道感染时,宜同时内服碳酸氢钠,使尿液呈碱性。(4)本品内服极少被吸收,仅适用于肠道感染	注射用硫酸链霉素,内服:一次量,犊 1 g,一日 2~3 次;仔猪、羔羊 0.25~0.5 g,一日 2 次。混饮:每升水,禽 30~120 mg。肌内注射:家畜 10~15 mg,家禽 20~30 mg,一日 2 次,连用 2~3 日
卡那霉素	卡那霉素的抗菌谱与链霉素相似,但其抗菌活性稍强,并且与链霉素之间有部分交叉耐药。卡那霉素内服用于治疗敏感菌所致的肠道感染。肌内注射用于敏感菌所致的各种严重感染,如败血症、泌尿生殖道、呼吸道、皮肤和软组织等感染	(1)卡那霉素最重要的不良反应是影响耳蜗神经。(2)卡那霉素对肾脏的毒性低于新霉素,而大于链霉素。(3)卡那霉素肌内注射时局部疼痛的发生率较高。静脉推注可发生呼吸抑制,故已禁用	注射用硫酸卡那霉素,内服:马、牛、羊、猪 3~6 mg,一日 2 次;犬、猫 5~8 mg,一日 3~4 次;混饮:每升水,家禽 50~120 mg

续表

药物	用途	应用注意	用法与用量
庆大霉素	庆大霉素的抗菌活性参见链霉素,对绿脓杆菌有较强作用;结核杆菌对本品耐药。本品适用于敏感菌引起的败血症、泌尿生殖系统感染、呼吸道感染、胃肠道感染(包括腹膜炎)、胆道感染、乳腺炎及皮肤、软组织感染。内服不吸收,用于肠道感染	(1)本品与青霉素 G 联用,对链球菌具有协同作用。 (2)有呼吸抑制作用,不可静脉推注。 (3)休药期,猪肌内注射 40日;内服 3～10 日	硫酸庆大霉素注射液,肌内注射:家畜 2～4 mg,鸡1 mg,一日 2次,连用 2～3日。肌内或皮下注射:犬、猫 3～5 mg,第一天注射 2次,以后每日 1 次
阿米卡星	阿米卡星对多数细菌的作用与卡那霉素相似或略优,一般比庆大霉素差。对各种革兰氏阴性菌和阳性菌、绿脓杆菌等均有较强的抗菌活性,但链球菌、肺炎球菌、肠球菌属大多耐药。本品尤其适用于革兰氏阴性杆菌中对卡那霉素、庆大霉素或其他氨基糖苷类耐药的菌株所引起的感染;也可经子宫灌注治疗大肠杆菌、绿脓杆菌、克雷伯菌引起的子宫内膜炎、子宫炎和子宫蓄脓	(1)患畜应饮足量水,以减少肾小管损害。 (2)具有不可逆的耳毒性,慎用于需敏锐听觉的特种犬。 (3)阿米卡星与羧苄西林不可在同一容器内混合应用。 (4)本品不可直接用于静脉注射,以免发生神经肌肉阻滞和呼吸抑制	硫酸阿米卡星注射液,皮下、肌内注射:马、牛、羊、猪、犬、猫 5～10 mg,禽 15 mg,一日2～3次,连用 2～3日。子宫灌注:一次量,马 2 g,溶入 200 ml 灭菌生理盐水中,一日 1 次,连用 3 日
安普霉素	安普霉素对多种革兰氏阴性菌及葡萄球菌和支原体均具有杀菌活性。盐酸吡哆醛能加强本品的抗菌活性。本品主要用于治疗猪大肠杆菌病和其他敏感菌所致的疾病;也可治疗犊牛肠杆菌和沙门菌引起的腹泻;对鸡的大肠杆菌、沙门菌及部分支原体感染也有效	(1)本品应密封贮存于阴凉干燥处,注意防潮。 (2)本品遇铁锈会失效,饮水系统中要注意防锈。也不要与微量元素补充剂相混合。 (3)饮水给药必须当天配制。 (4)休药期:鸡 7 日,猪 21日。禽产蛋期禁用	硫酸安普霉素注射液,肌内注射:犊牛、哺乳仔猪 20 mg。硫酸安普霉素可溶性粉,混饲:1000 kg 饲料中,猪 80～100 g,连用 7日;鸡 100 g,连用 5 日;混饮:鸡每升水0.25～0.5 g,连用 5 日
新霉素	用于治疗畜禽的肠道大肠杆菌感染、MMA 综合征,局部外用:0.5%溶液治疗皮肤、黏膜化脓性感染	毒性较大,禁用于注射给药。休药期:鸡 5 日,火鸡14 日。禽产蛋期禁用	内服:10～20 mg,每日 2次。混饮:50～70 mg/kg水。混饲:77～154 mg/kg饲料

5.3.5 四环素类

药物	用途	应用注意	用法与用量
土霉素	本品用于防治巴氏杆菌病、布氏杆菌病、炭疽及大肠杆菌和沙门菌感染、急性呼吸道感染、马鼻疽、马腺疫和猪支原体肺炎等。对敏感菌所致泌尿道感染，宜同服维生素 B$_6$酸化尿液。本品也常用作饲料药物添加剂，除可一定程度地防治疾病外，还能改善饲料的利用效率和促进增重	(1)本品应避光密闭，在凉暗的干燥处保存。忌日光照射，忌与含氯量多的自来水和碱性溶液混合，不用金属容器盛药。 (2)内服时避免与乳制品和含钙、镁、铝、铁、铋等药物及含钙量较高的饲料配伍使用。 (3)成年反刍动物、马属动物和兔不宜内服四环素类药物，因易引起消化机能紊乱和维生素缺乏。长期应用可诱发耐药细菌和真菌的二重感染，严重者引起败血症而死亡。 (4)患畜的肝、肾功能严重损害时忌用四环素类药物。 (5)休药期，内服：牛、羊 5 日，产奶期禁用；猪 5 日。注射：牛 22 日，产奶期禁用；猪 20 日	盐酸土霉素可溶性粉，内服：猪、驹、犊、羔 10～25 mg，犬 15～50 mg，禽 25～50 mg，一日 2～3 次，连用 3～5 日。混饮：每升水，猪 110～280 mg，禽 160～260 mg。混饲：1000 kg 饲料中，猪 200～600 g。注射用盐酸土霉素，肌内、静脉注射：马、牛 5～10 mg，羊、猪 7～15 mg，犬 10～20 mg，一日 2 次，连用 2～3 日。肌内注射：鸡 25 mg
四环素	参见土霉素	参见土霉素。 休药期：牛 5 日，猪 5 日，鸡 2 日	盐酸四环素可溶性粉，内服：猪、驹、犊、羔 10～25 mg，犬 15～50 mg，禽 25～50 mg，一日 2～3 次，连用 3～5 日。注射用盐酸四环素，肌内、静脉注射：家畜 5～10 mg，一日 2 次，连用 2～3 日
多西环素	多西环素又称强力霉素，是一种长效、高效、广谱的半合成四环素类抗生素，其抗菌谱与四环素相似，但抗菌作用较之强 10 倍，对耐四环素的细菌有效。本品的适应证同土霉素，尤适用于肾功能减退的患畜	参见土霉素。 (1)本品不宜与其他任何药物混合。 (2)犬、猫内服常引起恶心、呕吐，可进食，以缓和此种反应。 (3)给马静脉注射多西环素，即使低剂量，亦常伴发心脏节律不齐、虚脱和死亡。 (4)药物溶解后在室温下可保存 48 h，保存和给药时避免日光直射	盐酸多西环素可溶性粉，内服：牛 1～3 mg，羊、猪 3～5 mg，犬 3～10 mg，家禽 10～20 mg/只，一日 1 次，连用 3～5 日。混饮：每升水 50～1000 mg。混饲：1000 kg 饲料加 100～200 g。 盐酸多西环素注射液，静脉注射：牛 1～2 mg，羊、猪 1～3 mg，犬、猫 2～4 mg。一日 1 次

5.3.6 氯霉素类

药物	用途	应用注意	用法与用量
氯霉素	伤寒杆菌、副伤寒杆菌、沙门菌的首选药物	本品可抑制骨髓造血机能。使用疫苗时禁止使用氯霉素	内服、注射:犬、猫 40～50 mg,每日 3 次
氟苯尼考	本品的抗菌谱和抗菌活性略优于氯霉素与甲砜霉素,对多种革兰氏阳性菌和革兰氏阴性菌及支原体等均有作用。本品主要用于防治畜禽的沙门菌和大肠杆菌感染,如幼畜副伤寒、幼畜白痢、仔猪黄痢、鸡白痢、鸡伤寒、禽大肠杆菌病等;对牛巴氏杆菌病、禽霍乱及其他敏感菌引起的泌尿道、呼吸道感染也有疗效。外用治疗牛、羊腐蹄病及牛乳腺炎和子宫内膜炎	(1)本品勿用于哺乳期和孕期的母牛(有胚胎毒性)。 (2)本品不引起再生障碍性贫血,但牛用药后可出现短暂的厌食、饮水减少和腹泻等不良反应。注射部位可出现炎症。 (3)美国 FDA 批准的仅有供牛用的注射剂。 (4)休药期:注射牛 28 日	氟苯尼考粉,内服:猪、鸡 20～30 mg,两日 1 次,连用 3～5 日。 氟苯尼考注射液,肌内注射:牛 20 mg,猪、鸡 20～30 mg,犬、猫 20～22 mg,两日 1 次,连用 3～5 日

5.3.7 大环内酯类

药物	用途	应用注意	用法与用量
红霉素	红霉素的抗菌谱近似于青霉素,对革兰氏阳性菌如金黄色葡萄球菌、肺炎球菌、链球菌、炭疽杆菌、猪丹毒丝菌、李斯特菌、腐败梭菌、气肿疽梭菌等均有较强的抗菌作用。对红霉素敏感的革兰氏阴性菌有流感嗜血杆菌、脑膜炎球菌、布鲁菌、巴斯德菌等。此外,红霉素对弯杆菌、某些螺旋体、支原体、立克次体和衣原体等也有良好作用。红霉素主要用于耐青霉素的金黄色葡萄球菌及其他敏感菌所致的各种感染,如肺炎、子宫炎、乳腺炎、败血症等;对鸡支原体病(慢性呼吸道病)和传染性鼻炎也有相当疗效	(1)乳糖酸红霉素不可肌内注射、直接静脉注射和快速静脉滴注。 (2)本品偶可引起溶血性贫血、间质性肾炎和急性肾衰竭。 (3)本品应避免直接用生理盐水或其他无机盐类溶媒溶解粉针,以防沉淀。 (4)马属动物对本品敏感,易引起胃肠功能紊乱。 (5)由于新生仔畜的肝脏代谢率太低,因此,本品对新生仔畜毒性大	红霉素粉,内服:驹、犊、羔羊、仔猪日用量为 2～4 mg/kg,一日 3～4 次;犬、猫每次 2～10 mg,一日 2 次;家禽 5 mg,一日 2 次,或按 1 L 水加 100 mg 混饮给药,连用 3～5 日,或按 1000 kg 饲料加 20～50 g 混饲,连用 5 日。 注射用乳糖酸红霉素,静脉、肌内注射:牛、羊 2～4 mg,猪 2～6 mg,犬、猫 2～10 mg,家禽 10～30 mg,一日 2 次,连用 2～3 日

续表

药物	用途	应用注意	用法与用量
吉他霉素	吉他霉素(又称北里霉素)的抗菌谱近似于红霉素,其作用机制与红霉素相同。本品对大多数革兰氏阳性菌的抗菌作用略差于红霉素,对支原体的作用接近泰乐菌素,对某些革兰氏阴性菌、立克次体、螺旋体也有效,对耐药金黄色葡萄球菌的作用优于红霉素、氯霉素和四环素	参见红霉素。本品与红霉素交叉耐药,对长期应用红霉素的鸡场宜少用	酒石酸吉他霉素可溶性粉,内服:猪 20～30 mg,禽 20～50 mg,一日 2 次,连用 3～5日。混饮:每升水,禽 250～500 mg,连用 3～5 日。混饲:1000 kg 饲料中,禽 330～500 g,连用5～7 日。注射用酒石酸吉他霉素,肌内或皮下注射:家畜 5～25 mg,鸡 25～50 mg,一日 1 次
替米考星	替米考星的抗菌作用与泰乐菌素相似,主要抗革兰氏阳性菌,对少数革兰氏阴性菌和支原体也有效。本品对胸膜肺炎放线杆菌、巴斯德菌及畜禽支原体的活性比泰乐菌素强。本品主要用于防治敏感菌引起的牛肺炎和乳房炎,也用于治疗猪、鸡的支原体病	(1)本品禁止静脉注射。(2)本品的注射用药慎用于除牛以外的动物。(3)休药期:牛皮下注射 28日,猪内服 14 日。产奶期奶牛和肉牛犊禁用	磷酸替米考星注射液,皮下注射:牛、猪 10～20 mg,一日 1 次,每个注射点不超过 15 ml。乳管内注射:一次量,奶牛每一乳室300 mg。磷酸替米考星预混剂,混饲:1000 kg 饲料中,猪200～400 g

5.3.8　林可胺类

药物	用途	应用注意	用法与用量
林可霉素	林可霉素是林可胺类抗生素,主要通过抑制菌体蛋白的合成产生抗菌作用,其抗菌谱与红霉素相似,对多种革兰氏阳性菌如葡萄球菌、肺炎球菌等都有较强的抑制作用,对革兰氏阴性杆菌无效。本品主要用于治疗耐青霉素或红霉素的细菌的感染,如肺炎、蜂窝织炎和败血症等疾病	(1)肾功能严重减退的患畜慎用。(2)大剂量或长期应用林可霉素可引起呕吐、厌食、腹泻等胃肠道反应	盐酸林可霉素可溶性粉,内服:马、牛 6～10 mg,羊、猪 10～15 mg,犬、猫 15～25 mg,一日 2 次。盐酸林可霉素注射液,肌内注射:猪 10 mg,一日 1 次,连用 5～6 日;犬、猫 10～20 mg,一日 2 次
克林霉素	本品的抗菌谱与洁霉素(盐酸林可霉素)很相似,而抗菌作用强 4～8 倍,对青霉素、洁霉素、四环素或红霉素有耐药性的细菌,本品也有效。本品对革兰氏阳性菌的作用也比洁霉素强。细菌对此药的耐药性发展缓慢。本品的适应证与洁霉素相同,可完全代替洁霉素	(1)严重肝、肾功能不全者应减量应用。(2)本品的不良反应以胃肠道反应为主,表现为恶心、呕吐、腹泻等。(3)乳汁中药物浓度与血药浓度相同,哺乳母畜慎用	内服量和肌内注射量同林可霉素

5.3.9　多肽类

药物	用途	应用注意	用法与用量
杆菌肽	杆菌肽对革兰氏阳性菌具有高度抗菌活性,尤其对金黄色葡萄球菌和链球菌属有强大的作用;对某些螺旋体、放线菌属也有一定的作用;对革兰氏阴性杆菌无效。细菌对本品较少产生耐药性,且与其他抗生素无交叉耐药现象。本品主要作为饲料药物添加剂,用于幼龄畜禽的促生长和增进饲料利用率。其较高剂量也可防治畜禽肠道的细菌性感染	(1)杆菌肽的水溶液宜低温保存,在 pH 4～7、4 ℃中冷藏 2～3 个月,活性仅丧失 10%。 (2)本品进入体内后对肾脏产生严重毒性,能引起肾衰竭,故目前仅限于局部应用。 (3)本品注射给药的急性毒性大于内服	杆菌肽锌预混剂,混饲:1000 kg 饲料中,对于犊,3 月龄以下 10～100 g,3～6 月龄4～40 g;对于猪,4 月龄以下 4～40 g;对于禽,16 周龄以下 4～40 g(以杆菌肽计)
黏菌素	黏菌素属于窄谱抗生素,主要对革兰氏阴性菌有强大的抗菌作用,而变形杆菌属、布鲁菌属、沙雷菌属和所有革兰氏阳性菌均对本品耐药。本品主要用于治疗革兰氏阴性杆菌(大肠杆菌等)引起的肠道感染,对绿脓杆菌感染(败血症、尿路感染、烧伤或外伤创面感染)也有效	(1)本品内服很少被吸收,不用于全身感染。 (2)本品对肾脏和神经系统有明显毒性。 (3)休药期:猪、鸡 7 日	硫酸黏菌素可溶性粉,内服:犊牛、仔猪 1.5～5 mg,家禽 3～8 mg,一日 1～2 次。混饲:1000 kg 饲料中,犊牛 5～40 g,仔猪 2～20 g,鸡 2～20 g。混饮:每升水,猪 40～100 mg,鸡 20～60 mg,连用不超过 7 日。 多黏菌素 E 注射液,肌内注射:马、牛、羊、猪 0.5～1 mg,一日 2 次。
多黏菌素 B	多黏菌素 B 的抗菌作用同黏菌素,用于治疗绿脓杆菌和其他革兰氏阴性杆菌所致的败血症及肺、尿路、肠道、烧伤创面等感染和乳腺炎等	(1)本品的肾毒性比黏菌素更明显,肾功能不全患畜应减量。 (2)一般不采用静脉注射,因可能引起呼吸抑制。 (3)为减轻肌内注射部位的疼痛,可用 1%普鲁卡因注射液溶解本品	硫酸多黏菌素 B 片,内服:犊牛、仔猪 0.67 mg,犬、猫 0.7 mg,一日 3 次。如与新霉素、杆菌肽等合用,剂量应减半。 注射用多黏菌素 B,肌内注射:牛、羊、猪 0.5～1 mg,一日 2 次。乳管注入:每一乳室,牛 5～10 mg。子宫腔注入:牛 10 mg

5.3.10　磺胺类

药物	用途	用法与用量
磺胺嘧啶	磺胺嘧啶(SD)是磺胺药中抗菌作用较强的品种之一。SD 用于各种动物敏感菌的全身感染,是磺胺药中用于治疗脑部细菌感染的首选药物	磺胺嘧啶片,内服:家畜首次量为 0.14～0.2 g,维持量为 0.07～0.1 g,一日 2 次,连用 3～5 日。 磺胺嘧啶钠注射液,静脉、深部肌内注射:家畜 50～100 mg,一日 1～2 次,连用 2～3 日。 复方磺胺嘧啶钠注射液,肌内注射:家畜 20～30 mg(以磺胺嘧啶计),一日 1～2 次,连用 2～3 日。家禽混饮给药:每升饮水中加入 20 mg 或 1 ml
磺胺甲基异噁唑	磺胺甲基异噁唑(SMZ)的抗菌谱与抗菌作用较各种磺胺药强,与甲氧苄啶(TMP)合用,抗菌作用可增强数倍至数十倍,疗效近似氯霉素、四环素和氨苄青霉素,临床应用范围亦相应扩大。SMZ 常用于呼吸道和泌尿道感染	磺胺甲基异噁唑钠粉剂,内服:马、牛、羊、猪,首次量为 100 mg,维持量为 70 mg,一日 2 次。 磺胺甲基异噁唑钠注射液,静脉或深部肌内注射:马、牛、羊、猪、鸡 70 mg,一日 2 次,连用 3～5 日。 增效新诺明片,内服:各种家畜 20～25 mg(以磺胺甲基异噁唑计),鸡 20～30 mg,一日 2 次,连用 3～5 日
磺胺对甲氧嘧啶	磺胺对甲氧嘧啶(SMD)对革兰氏阳性菌和阴性菌均有良好的抗菌作用,但较磺胺间甲氧嘧啶弱。SMD 主要用于泌尿道、呼吸道、消化道、皮肤和生殖道感染,也可用于球虫病的治疗	磺胺对甲氧嘧啶粉剂,内服:家畜首次量为 50～100 mg,维持量为 25～50 mg,一日 2 次,连用 3～5 日。 复方磺胺对甲氧嘧啶粉剂,内服:家畜 20～25 mg(以磺胺对甲氧嘧啶计),一日 2 次,连用 3～5 日。 复方磺胺对甲氧嘧啶钠注射液,肌内注射:家畜 15～20 mg,一日 1～2 次,连用 2～3 日。家禽混饮给药:每升饮水中加入 20 mg 或 0.2 ml
磺胺间甲氧嘧啶	磺胺间甲氧嘧啶(SMM)是体内外抗菌作用最强的新磺胺药,对球虫、弓形虫等也有显著作用。SMM 用于各种敏感菌引起的呼吸道、消化道、泌尿道感染及球虫病、猪弓形虫病、猪水肿病、猪萎缩性鼻炎等	磺胺间甲氧嘧啶钠粉剂,内服:家畜首次量为 50～100 mg,维持量为 25～50 mg,一日 2 次,连用 3～5 日。 磺胺间甲氧嘧啶钠注射液,静脉注射:家畜 50 mg,一日 1～2 次,连用 2～3 日
磺胺二甲嘧啶	磺胺二甲嘧啶(SM2)的抗菌作用及疗效较磺胺嘧啶稍弱,但对球虫有抑制作用。SM2 主要用于巴氏杆菌病、乳腺炎、子宫炎、呼吸道及消化道感染,也用于防治兔、禽球虫病和猪弓形虫病	磺胺二甲嘧啶粉剂,内服:家畜首次量为 0.14～0.2 g,维持量为 0.07～0.1 g,一日 1～2 次,连用 3～5 日。混饲:禽 0.02%～0.1%。混饮浓度:鸡 0.1%～0.2%,限用 1 周;兔 0.2%,连用 1 周。 磺胺二甲嘧啶钠注射液,静脉、肌内注射:家畜 50～100 mg,一日 1～2 次,连用 2～3 日

5.3.11　喹诺酮类

药物	用途	用法与用量
恩诺沙星	(1)牛、犊的大肠杆菌病、溶血性巴斯德菌,以及牛支原体引起的呼吸道感染和乳腺炎等。 (2)猪的链球菌病、溶血性大肠杆菌肠毒血病(水肿病)、沙门菌病、支原体肺炎、胸膜肺炎及仔猪白痢和黄痢等。 (3)犬、猫的细菌或支原体引起的呼吸、消化、泌尿生殖等系统及皮肤的感染。 (4)禽的沙门菌、大肠杆菌、巴斯德菌、嗜血杆菌、葡萄球菌、链球菌及各种支原体引起的感染	恩诺沙星可溶性粉,内服:犊、羔、仔猪、犬、猫 2.5～5 mg,禽 5～7.5 mg,一日 2 次,连用 3～5 日。混饮:每升水中,禽 50～75 mg,连用 3～5 日。 恩诺沙星注射液,肌内注射:牛、羊、猪 2.5 mg,犬、猫、兔、禽 2.5～5 mg,一日 1～2 次,连用 2～3 日
环丙沙星	临床上环丙沙星主要用于治疗全身各系统的感染,如尿路感染、肠道感染、呼吸道感染、皮肤软组织感染等。对严重感染及败血症可用其注射剂静脉给药	盐酸(乳酸)环丙沙星可溶性粉,内服:犬、猫 5～10 mg,禽 5～7.5 mg,一日 2 次。混饮:每升水中,鸡 15～25 mg,连用 3～5 日。 盐酸(乳酸)环丙沙星注射液,肌内注射:畜、禽 2.5～5 mg;静脉注射:家畜 2 mg,一日 2 次,连用 3 日
单诺沙星	单诺沙星用于防治牛巴氏杆菌病、肺炎、猪接触传染性胸膜肺炎、支原体肺炎、禽大肠杆菌病、禽巴氏杆菌病、鸡慢性呼吸道病等	甲磺酸单诺沙星可溶性粉,内服:鸡 2.5～5 mg,一日 1 次,连用 3～5 日。混饮:每升水中,鸡 25～50 mg,连用 3～5 日。 甲磺酸单诺沙星注射液,肌内注射:牛、猪 1.25～2.5 mg,一日 1 次,连用 3～5 日
诺氟沙星	诺氟沙星主要用于敏感菌引起的猪、鸡肠道及呼吸道感染和泌尿道感染,也可用于支原体病的治疗,如仔猪黄痢、仔猪白痢及鸡大肠杆菌病、鸡白痢等	诺氟沙星可溶性粉,内服:仔猪、禽 10 mg,一日 1～2 次。禽混料:1000 kg 饲料中加 100 g,每升水中加 50 mg
氧氟沙星	氧氟沙星的抗菌谱广,对革兰氏阳性菌、革兰氏阴性菌和部分厌氧菌、霉形体均有效,抗菌活性略优于诺氟沙星,可用于畜禽细菌和霉形体感染	氧氟沙星可溶性粉,混饮:鸡每升饮水中加 2.5～5 g。 氧氟沙星注射液,肌内或静脉注射:家畜、家禽 3～5 mg,一日 2 次,连用 3～5 日
马波沙星	马波沙星(麻保沙星)用于敏感菌所致的牛、猪、犬、猫的呼吸道、消化道、泌尿道及皮肤等感染,对牛、羊乳腺炎、猪乳腺炎、子宫炎、无乳综合征等也有疗效	马波沙星注射液,肌内注射:牛、猪 2 mg,一日 1 次。内服:家畜 2 mg,一日 1 次

5.3.12　其他抗微生物药

药物	用途	应用注意	用法与用量
喹乙醇	喹乙醇为抗菌促长剂,对革兰氏阴性菌与革兰氏阳性菌均有作用,还能促进蛋白质同化,提高饲料转化率与瘦肉率,使畜禽增重较快。喹乙醇主要用于猪的促生长,也用于仔猪白痢、仔猪黄痢、马、猪胃肠炎的防治	体重超过 35 kg 的猪禁用。宰前 35 日停止给药。鸡、鸭对本品较敏感,使用时应注意严格掌握剂量,并注意混饲时须搅拌均匀	喹乙醇预混剂,1000 kg 饲料中,猪 1000～2000 g,禽 500～700 g
泰妙菌素	对大多数革兰氏阴性菌和某些革兰氏阳性菌、猪痢疾密螺旋体、禽类支原体、禽球虫均有较强的抑制作用。泰妙菌素常用于猪痢疾、猪地方性肺炎和禽类支原体病的防治	泰妙菌素不可与带有离子的球虫预防剂,如盐霉素、拉沙里菌素、莫能菌素等并用,否则会导致运动失调、截瘫、腿麻痹、组织变化、肌肉变性、胃肠黏膜水肿等病症,重症者可引起死亡,故使用泰妙菌素时必须注意畜禽饲料中是否含有上述球虫预防剂	延胡索酸泰妙菌素可溶性粉,内服:猪 20～30 mg。混饲:1000 kg 饲料中,猪治疗用 200 g,预防用 40 g。混饮:防治家禽支原体病,每升水可加 125～250 mg 给药,连用 5 日;治疗雏鸡球虫病,每升水可加 250 mg 给药
新生霉素	新生霉素的抗菌谱与青霉素相似,主要对革兰氏阳性菌作用强,对阴性球菌也有抑制作用,但对阴性杆菌效力很差。新生霉素主要用于葡萄球菌、链球菌等感染,适用于其他抗生素无效的病例。本品不能作为首先药物,需与其他抗生素合并应用	以注射用水溶解后供肌内注射,或以生理盐水溶解后供静脉注射,切不可用葡萄糖注射液溶解,以免发生浑浊	新生霉素钠粉针,内服:猪、犬 10～25 mg,鸡 15～25 mg,一日 2 次。肌内、静脉注射:马、牛 1～2.5 mg,羊、猪、犬 2.5～7.5 mg,一日 2 次
两性霉素 B	对两性霉素 B 敏感的真菌有荚膜组织胞浆菌、隐球菌、白色念珠菌、球孢子菌、皮炎芽生菌、黑曲霉菌等。本品在临床上主要用于上述敏感菌的深部感染,如组织胞浆菌病、芽生菌病、念珠菌病、球孢子菌病等,对曲霉病和毛霉病也有一定疗效	(1)内服毒性小,静脉注射毒性大。 (2)静脉注射时配合解热镇痛药、抗组胺药和生理量的肾上腺皮质激素可减轻毒性反应。 (3)不可与氨基苷类、磺胺类药物合用,以免增加肾毒性。 (4)本品应在 15 ℃以下严格避光保存。配制的溶液应立即使用,24 h 内用完	注射用两性霉素 B,静脉注射:犬、猫 0.15～0.5 mg,隔日 1 次,一周 3 次,总剂量为 4～11 mg。两性霉素 B 粉针,临用前使用注射用水溶解,用生理盐水溶解时易析出沉淀,用 5% 葡萄糖注射液稀释成 0.1% 注射后注入
克霉唑	克霉唑内服适用于治疗各种深部真菌感染,如肺、子宫、胃的真菌感染和真菌性败血症等。控制严重感染宜与两性霉素 B 合用。外用治疗各种浅表真菌病也有显著疗效	(1)长期大剂量使用可见肝功能不良反应,停用后可恢复。 (2)弱碱性环境中的抗菌效果好。 (3)内服对胃肠道有刺激性	克霉唑片,内服:马、牛 5～10 g,驹、犊、猪、羊 0.75～1.5 g,犬 12.5～25 mg,一日 2 次

5.3.13　抗蠕虫药

药物	用途	应用注意	用法与用量
阿苯达唑	阿苯达唑是我国兽医临床上使用最广泛的苯并咪唑类驱虫药,它不仅对多种线虫有高效,而且对某些吸虫及绦虫也有较强的驱除效应	(1)阿苯达唑的毒性较大,应用治疗剂量虽不会引起中毒反应,但连续超剂量给药,有时会引起严重反应。另外,某些畜种如马、兔、猫等对该药较敏感,应选用其他驱虫药。 (2)连续长期使用,能使蠕虫产生耐药性,并且有可能产生交叉耐药性。 (3)阿苯达唑具有胚毒及致畸作用,牛、羊在妊娠45日内,猪在妊娠30日内均禁用本品。 (4)休药期:牛28日,羊10日,产奶期禁用	阿苯达唑片,内服:牛、羊10～15 mg,马、猪5～10 mg,犬25～50 mg,禽10～20 mg
伊维菌素	伊维菌素广泛用于防治牛、羊、马、猪的胃肠道线虫、肺线虫和寄生节肢动物,犬的肠道线虫、耳螨、疥螨、心丝虫和微丝蚴,以及家禽的胃肠线虫和体外寄生虫	(1)伊维菌素虽然较安全,但是,除内服外,仅限于皮下注射,每个皮下注射点不宜超过10 ml。 (2)含甘油缩甲醛和丙二醇的国产伊维菌素注射剂仅适用于牛、羊、猪和驯鹿,禁用于其他动物。 (3)伊维菌素对线虫,尤其是节肢动物产生的驱除作用缓慢,对于有些虫种要数天甚至数周才能产生明显药效。 (4)伊维菌素对虾、鱼及水生生物有剧毒,使用过阿维菌素的动物粪便和残存药物的包装品切勿污染水源。 (5)伊维菌素注射剂的休药期:牛35日,羊21日,产奶期禁用,猪28日	伊维菌素预混剂,内服:家畜0.2～0.3 mg。 伊维菌素注射液,皮下注射:牛、羊0.2 mg,猪0.3 mg。 伊维菌素浇泼剂,背部浇泼:牛、羊、猪0.5 mg

续表

药物	用途	应用注意	用法与用量
左旋咪唑	左旋咪唑是广谱、高效、低毒的驱线虫药,对多种动物的胃肠道线虫和肺线虫成虫及幼虫均有高效。左旋咪唑对动物还有增强免疫作用	(1)左旋咪唑对动物的安全范围窄,特别是注射给药,时有发生中毒甚至死亡事故。 (2)马对左旋咪唑较敏感,骆驼更敏感,用时务必精确计算,以防不测。犬、猫也对左旋咪唑敏感,内服常引起呕吐而影响药效,采用注射法(特别是大剂量)给药时多出现严重反应(流涎、肌肉震颤等),甚至死亡。 (3)应用左旋咪唑引起的中毒症状与有机磷中毒相似,此时可用阿托品解毒。 (4)左旋咪唑片剂内服的休药期:牛2日,羊3日,产奶期禁用,猪3日。左旋咪唑注射剂的休药期:牛14日,羊28日,产奶期禁用,猪28日	盐酸左旋咪唑片,内服:牛、羊、猪7.5 mg,犬、猫10 mg,禽25 mg。 盐酸左旋咪唑注射液,皮下、肌内注射:牛、羊、猪7.5 mg,犬、猫10 mg,禽25 mg
敌百虫	敌百虫(又称美曲膦酯)广泛用于临床,它不仅对消化道线虫有效,而且对姜片虫、血吸虫也有一定效果,此外,还用于防治外寄生虫病	(1)敌百虫的安全范围较窄,治疗量就会使动物出现不良反应,且有明显的种属差异。如对马、猪、犬较安全;反刍兽较敏感,常出现明显的中毒反应,应慎用;家禽,特别是鸡、鹅、鸭最敏感,以不用为宜。 (2)敌百虫中毒时,应反复应用阿托品(0.5～1 mg/kg)和解磷定(15 mg/kg)解救。 (3)极度衰弱以及妊娠动物应禁用敌百虫,用药期间应加强动物护理。 (4)休药期:猪7日	敌百虫,内服:牛20～40 mg,绵羊、猪80～100 mg,山羊50～70 mg。 喷洒:配成1%～3%溶液喷洒于动物局部体表,配成0.1%～0.5%溶液喷洒于环境
氯硝柳胺	氯硝柳胺是传统的抗绦虫药,对多种绦虫均有杀灭效果。氯硝柳胺还具有杀灭钉螺及血吸虫尾蚴和毛蚴的作用	(1)本品的安全范围较广,多数动物使用安全,但犬、猫对其较敏感,使用两倍治疗量时出现暂时性下痢,但能耐过;对鱼类毒性较强。 (2)动物在给药前应禁食一夜。 (3)本品可用于妊娠动物;应置于遮光容器内密封保存	氯硝柳胺片,内服:牛50 mg,羊100 mg,马200～300 mg,犬、猫100～157 mg

续表

药物	用途	应用注意	用法与用量
吡喹酮	吡喹酮是较理想的新型广谱抗绦虫和抗血吸虫药,目前广泛用于世界各国	(1)吡喹酮对各种动物极为安全,几乎所有动物对本品都具有很好的耐受性。但高剂量偶可使动物血清谷丙转氨酶轻度升高。治疗血吸虫病时,个别牛会出现体温升高、肌震颤和瘤胃臌胀等现象。 (2)大剂量皮下注射时,有时会出现局部刺激反应。犬、猫出现的全身反应(发生率为10%)为疼痛、呕吐、下痢、流涎、无力、昏睡等,但多能耐过	吡喹酮片,内服:牛、羊、猪10～35 mg,犬、猫2.5～5 mg,禽10～20 mg。 吡喹酮注射液,皮下、肌内注射:犬、猫0.1 ml
硝氯酚	硝氯酚是我国传统的、广泛使用的牛、羊抗肝片形吸虫药	(1)本品的治疗量对动物比较安全,过量使用会引起中毒症状(如发热、呼吸困难、窒息等),可根据症状,选用安钠咖、毒毛旋花子苷、维生素C等治疗。 (2)给牛、羊注射硝氯酚注射液时,虽然用药更方便,用量更少,但由于治疗安全指数仅为2.5～3.0,故使用时必须根据体重精确计量,以防中毒	硝氯酚片,内服:黄牛3～7 mg,羊3～4 mg。 硝氯酚注射液,皮下、肌内注射:牛、羊0.6～1 mg

5.3.14　抗原虫药

药物	用途	应用注意	用法与用量
莫能菌素	莫能菌素属于单价聚醚离子载体抗生素,是聚醚类抗生素的代表性药物。莫能菌素主要用于预防家禽球虫病,其抗虫谱较广,对鸡的堆型、布氏、毒害、柔嫩、巨型及和缓艾美耳球虫均有高效	(1)本品的毒性较大,而且存在明显的种族差异。 (2)产蛋鸡禁用,超过16周龄的鸡禁用。 (3)休药期:肉鸡、牛5日。	莫能菌素钠预混剂,混饲:1000 kg饲料中,禽100～120 g,仔火鸡54～90 g,鹌鹑73 g,肉牛、羔羊5～30 g
马杜霉素	马杜霉素是目前抗球虫作用最强、用药浓度最低的聚醚类抗球虫药,广泛用于肉鸡抗球虫。本品主要用于肉鸡球虫病,据试验,对鸡巨型、毒害、柔嫩、堆型和布氏艾美耳球虫均有良好的抑杀效果,其抗球虫效果优于莫能菌素、盐霉素、甲基盐霉素等抗球虫药	(1)本品的毒性较大,仅用于肉鸡,禁用于其他动物。 (2)本品对肉鸡的安全范围较窄,用药时必须精确计量,并使药料充分拌匀。 (3)饲喂过马杜霉素的肉鸡的鸡粪,切不可再加工成动物饲料,否则会引起动物中毒死亡。 (4)休药期:肉鸡5日	马杜霉素预混剂,混饲:1000 kg饲料中,肉鸡5 g

续表

药物	用途	应用注意	用法与用量
妥曲珠利	妥曲珠利属于三嗪酮化合物,具有广谱抗球虫活性。本品广泛用于鸡球虫病,对鸡堆型、布氏、巨型、柔嫩、毒害及和缓艾美耳球虫均有良好的抑杀效应	(1)连续应用不得超过 6个月。 (2)为防止稀释后药液效果减弱,以现配现用为宜。 (3)肉鸡的休药期为 19 日	妥曲珠利溶液,混饮:每升饮水中,禽 25 mg
地克珠利	地克珠利对鸡柔嫩、堆型、毒害、布氏和巨型艾美耳球虫的作用极佳,用药后除能有效地控制盲肠球虫的发生和死亡外,还能使病鸡球虫卵囊全部消失,实为理想的杀球虫药	(1)参见妥曲珠利。 (2)本品的作用时间短暂,肉鸡必须连续用药,以防再度发病。 (3)由于用药浓度极低,因此,药料必须充分拌匀。 (4)休药期:肉鸡 5 日	地克珠利预混剂,混饲:1000 kg 饲料中,禽 1 g。地克珠利溶液,混饮:每升饮水中,禽 0.5~1 mg
磺胺氯吡嗪钠	磺胺氯吡嗪钠为磺胺类抗球虫药,多在球虫暴发时短期应用。本品对鸡巨型、布氏和堆型艾美耳球虫作用最强,但对柔嫩、毒害艾美耳球虫作用较弱,通常需更高浓度才能有效。常与氨丙啉或甲氧苄啶联合应用,从而扩大抗虫谱及增强抗球虫效应	(1)肉鸡只能按推荐浓度,连用 3 日,最多不得超过 5 日。 (2)产蛋鸡以及 16 周龄以上的鸡群禁用。 (3)休药期:肉鸡 1 日。	磺胺氯吡嗪钠,混饮:每升水中,家禽 0.3 g,连用 3日。磺胺氯吡嗪钠可溶粉,混饮:每升水中,家禽 1 g,连用 3 日
常山酮	常山酮对多种球虫均有抑杀效应,鸡柔嫩、毒害、巨型艾美耳球虫对本品特别敏感。对于对氯羟吡啶和喹诺啉类药物产生耐药性的球虫,常山酮仍然有效。在国外,常山酮还用于牛泰勒虫以及绵羊、山羊的山羊泰勒虫感染	(1)常山酮的安全范围较窄,药料必须充分拌匀。鱼及水生生物对本品极为敏感,故喂药鸡粪及盛装药的容器切勿污染水源。 (2)禁止与其他抗球虫药并用。 (3)产蛋鸡及水禽禁用。 (4)休药期:肉鸡 5 日	氢溴酸常山酮预混剂,混饲:1000 kg 饲料中,禽 3 g
三氮脒	三氮脒(贝尼尔)属于芳香双脒类药物,是传统使用的广谱抗血液原虫药,对家畜梨形虫、锥虫和无形体均有治疗作用,但预防效果较差	(1)三氮脒的毒性较大,安全范围较窄,治疗量有时也会出现不良反应,但通常能自行耐过。 (2)大剂量可使乳牛产奶量减少	注射用三氮脒,肌内注射:马 3~4 mg,牛、羊 3~5 mg;临用前配成 5%~7%的灭菌溶液
地美硝唑	地美硝唑是有效的抗组织滴虫药和抗猪密螺旋体药。地美硝唑用于治疗牛生殖道毛滴虫病时,可按 60 ~ 100 mg/kg剂量,内服或肌内注射,一天 1 次,连用 5 日,效果优良。本品对由猪密螺旋体所致的仔猪血痢有良好的预防和治疗作用	(1)家禽连续应用,以不超过 10 日为宜。 (2)产蛋家禽禁用。 (3)休药期:猪、禽 3 日	地美硝唑片,内服:牛 60~100 mg。地美硝唑预混剂,混饲:1000 kg 猪饲料中,用于预防时加 200 g,用于治疗时加 500 g

5.3.15　杀虫药

药物	用途	应用注意	用法与用量
二嗪农	二嗪农为新型的有机磷杀虫和杀螨剂。本品具有触杀、胃毒、熏蒸和较弱的内吸作用,对各种螨类、蝇、虱、蜱等均有良好的杀灭效果,喷洒后在皮肤、被毛上的附着力很强,能维持长期的杀虫作用,一次用药的有效期可达8周	(1)二嗪农虽然仅具有中等毒性,但禽、猫、蜜蜂对其较敏感,毒性较大。 (2)药浴时必须精确计量药液浓度,动物应以全身浸泡1 min为宜。 (3)休药期:牛、羊、猪为14日。乳废弃时间为3日	二嗪农溶液,药浴:1000 L水中,绵羊初次浸泡用250 g(相当于25%二嗪农溶液1000 ml),补充药液添加750 g(相当25%二嗪农溶液3000 ml);牛初次浸泡用625 g,补药液添加1500 g
溴氰菊酯	溴氰菊酯(敌杀死)为拟除虫菊酯类药物,具有杀虫范围广、杀虫效力强、速效、低毒、低残留等优点。广泛用于防治家畜体外寄生虫病以及杀灭环境、仓库等地方的昆虫	(1)本品对人畜的毒性虽小,但对皮肤、黏膜、眼睛、呼吸道等有较强的刺激性。 (2)本品对鱼有剧毒,使用时勿将残液倒入鱼塘。蜜蜂、家禽也对本品较敏感。 (3)药液稀释时,若水温超过50℃,则药液分解失效。还应避免使用碱性水,忌与碱性药物同用或混用。 (4)休药期:羊7日,猪21日	溴氰菊酯乳油,药浴、喷淋:加水稀释,1000 L中含溴氰菊酯5～15 g用于预防,含30～50 g用于治疗,供家畜药浴或喷淋。必要时隔7～10日重复一次
双甲脒	双甲脒是一种接触性广谱杀虫剂,兼有胃毒和内吸作用,对各种螨、蜱、蝇、虱等均有效,主要用于防治牛、羊、猪、兔的体外寄生虫病,如疥螨、痒螨、蜂螨、蜱、虱等	(1)对严重病畜用药7日后可再用一次,以彻底治愈。 (2)双甲脒对皮肤有刺激作用,可防止药液溅污皮肤和眼睛。 (3)休药期:牛1日,羊21日,猪7日,牛乳废弃时间为2日	双甲脒乳油,药浴、喷洒和涂擦:家畜用0.025%～0.05%溶液。喷雾:每升溶液中,蜜蜂50 mg
环丙氨嗪	环丙氨嗪为昆虫生长调节剂,可抑制双翅目幼虫的蜕皮,给鸡内服,即使粪便中的含药量极低,也可彻底杀灭蝇蛆。本品主要用于控制动物厩舍内蝇蛆的繁殖生长,杀灭粪池内蝇蛆,以保证环境卫生	(1)鸡对本品基本无不良反应,但药料浓度达25 mg/kg时,可使饲料消耗量增加,浓度在500 mg/kg以上时才使饲料消耗量减少。 (2)每公顷土地以用饲喂本品的鸡粪1～2吨为宜,超过9吨以上可能对植物生长不利	环丙氨嗪预混剂,混饲:1000 kg饲料中,鸡5 g(按有效成分计),连用4～6周。环丙氨嗪可溶性粉,浇洒:将20 g本品溶于15 L水中,浇洒于蝇蛆繁殖处

5.3.16　中枢神经系统药物

药物	用途	应用注意	用法与用量
尼可刹米	尼可刹米可直接兴奋延脑呼吸中枢,也可通过颈动脉体和主动脉体化学感受器反射性地兴奋呼吸中枢。当呼吸中枢处于抑制状态时,作用较为明显。本品主要用于解救由于各种中枢抑制药(如麻醉药)或疾病所引起的中枢性呼吸抑制,以及加速麻醉动物的苏醒,也可解救一氧化碳中毒、溺水和新生仔畜窒息等	(1)本品用量过大时可引起心悸、出汗、呕吐等,严重时可出现震颤及肌肉僵直,此时应及时停药,以防惊厥的发生。本品使用过量时可使用苯二氮䓬类药物、小剂量硫喷妥钠对症处理。 (2)兴奋作用后,常出现中枢神经系统抑制现象	尼可刹米注射液,皮下、肌内或静脉注射:一次量,马、牛2.5~5 g,羊、猪0.25~1 g,犬0.125~0.5 g
咖啡因	(1)咖啡因作为中枢兴奋药,主要用于加速麻醉药的苏醒过程,解救中枢抑制药和毒物的中毒,以及某些传染病所引起的呼吸中枢抑制和昏迷等。 (2)咖啡因作为强心剂,用于治疗各种疾病引起的急性心力衰竭。在伴有精神沉郁、水肿、过劳、全身衰竭时更为适用	(1)大家畜心动过速(100次/分以上)或心律不齐时,慎用或禁用。 (2)因用量过大或给药过频而发生中毒(惊厥)时,可用溴化物、水合氯醛或巴比妥类药物解救,但不能使用麻黄碱或肾上腺素等强心药物,以防毒性增强	安钠咖,内服:一次量,牛2~8 g,羊、猪1~2 g,犬0.2~0.5 g,猫0.1~0.2 g,鸡0.05~0.1 g。 安钠咖注射液,静脉、皮下或肌内注射:一次量,牛2~5 g,羊、猪0.5~2 g,犬0.1~0.3 g,猫0.03~0.1 g,鸡0.025~0.05 g,每日1~2次,重症者可隔4~6 h给药一次
氧化樟脑	氧化樟脑能直接兴奋延髓呼吸中枢和血管运动中枢,对大脑皮质也有兴奋作用,还具有强心作用。临床上常用作强心药,其效果比樟脑更好	—	氧化樟脑注射液,皮下、肌内或静脉注射:马、牛50~100 mg,羊、猪25~50 mg
氯丙嗪	氯丙嗪是吩噻嗪类镇静药的代表药物,可用于镇静、麻醉前给药、解除平滑肌痉挛、镇痛、降温、抗休克等;在高温季节长途运输畜、禽时用本品可减少死亡。母猪分娩后,可用于无乳症的辅助治疗	(1)本品的刺激性大,可加1%普鲁卡因作深部肌注。静注时应进行稀释,速度宜慢。 (2)药物稀释后pH为6时最为稳定,应避免与碱性药物配伍,以免发生氧化与沉淀。 (3)本品应避光保存,药液轻度变黄对活性影响不大,药液浑浊时不可使用	盐酸氯丙嗪片,内服:家畜3 mg。盐酸氯丙嗪注射液,肌内注射:牛0.5~1 mg,羊、猪1~2 mg,犬、猫1~3 mg;静脉注射:家畜0.5~1 mg

续表

药物	用途	应用注意	用法与用量
地西泮	地西泮（又称安定）为苯二氮䓬类镇静药，可作为猪、牛的催眠药、肌肉松弛药以及麻醉前给药等，有利于外科手术的进行。本品可用于制止野生动物的攻击行为。地西泮与氯胺酮并用还能作为野生动物的化学保定药	（1）肝、肾功能障碍的患畜慎用。孕畜忌用。 （2）本品与其他药物配伍时非常容易出现问题，通常禁止与其他注射药物在注射器、容器或静脉输注管道中混合	地西泮片，内服：犬 5～10 mg，猫 2～5 mg。地西泮注射液，肌内、静脉注射：牛、羊、猪 0.5～1 mg，犬、猫 0.6～1.2 mg，鸡 5.5～11 mg
氯胺酮	氯胺酮是一种镇痛性麻醉药，在兽医临床上，主要用于不需肌肉松弛的麻醉、短时间的手术及诊疗处置。如与赛拉嗪或芬太尼配合应用，能够延长麻醉时间并有肌松效果。本品用于妊娠绵羊麻醉时，不影响呼吸和支气管分泌，较为安全；也可用作野生动物的化学保定药，用于制止野生动物的攻击和反抗，便于临床检查和治疗。灵长类动物用药后性情温驯	（1）本品应在室温条件下避光保存。 （2）反刍动物应用本品前需停食半天至1天，并注射阿托品，以防支气管分泌物增多而造成异物性肺炎。 （3）动物苏醒后不易自行站立，反复起卧，需注意护理。猪应用本品时易出现苏醒期兴奋，如与硫喷妥钠并用，可以消除上述现象	盐酸氯胺酮注射液，用于麻醉时，静脉注射：马 1 mg，牛、羊 2 mg。用于镇静性保定时，肌内注射：猪 12～20 mg，羊 20～40 mg，犬 5～7 mg，猫 8～13 mg，禽 30～60 mg
二甲苯胺噻嗪	二甲苯胺噻嗪（又称隆朋、赛拉嗪）为镇痛性化学保定药。本品在兽医临床上多以小剂量用于牛、马等多种动物以及野生动物的化学保定，使兴奋、骚动、不易控制的动物安定，便于诊疗、长途运输、伤口拆线、换药及进行子宫复位、食道切开、穿鼻等小手术。大剂量或配合局部麻醉药，用于去角、锯茸、去势、腹腔手术等。 本品与水合氯醛、硫喷妥钠或戊巴比妥钠等全身麻醉药合用，可减少全麻药的用量和增强麻醉效果	（1）牛（特别是黄牛）对本品敏感，猪对本品的反应很弱。 （2）静脉注射正常剂量的赛拉嗪，可导致心脏传导阻滞，心输出量减少，因此，可在用药前先注射阿托品。 （3）犬、猫使用本品可引起呕吐。 （4）本品对子宫有一定的兴奋性，妊娠后期的牛不宜应用本品	盐酸赛拉嗪注射液，肌内注射：马 1～2 mg，牛 0.1～0.3 mg，羊 0.1～0.2 mg，猪 2～3 mg，犬、猫 1～2 mg，禽类 5～30 mg，鹿 0.1～0.3 mg，骆驼 0.5 mg，熊、狮 8～10 mg，豹 8 mg，狼 7～8 mg，灵长类动物 2～5 mg

5.3.17　外周神经系统药物

药物	用途	应用注意	用法与用量
利多卡因	利多卡因主要用于表面麻醉、传导麻醉、浸润麻醉和硬膜外麻醉,也用于治疗心率失常	(1)因本品的渗透作用迅速而广泛,故不宜做蛛网膜下腔麻醉。 (2)大量吸收本品后可引起中枢兴奋(如惊厥),甚至发生呼吸抑制,因此,必须控制用量	盐酸利多卡因注射液,表面麻醉:2%～5%溶液;浸润麻醉:0.25%～0.5%溶液;传导麻醉:2%溶液,牛每个注射点6～7 ml,羊每个注射点3～4 ml;硬膜外麻醉:2%溶液,牛8～12 ml
普鲁卡因	普鲁卡因主要用于浸润麻醉、传导麻醉、硬膜外麻醉和神经封闭	(1)普鲁卡因可在室温下保存,避免光照、过热与冰冻。本品久存后变成黄色,药效下降,不可再用。 (2)本品不宜与葡萄糖配伍,虽然外观无变化,但麻醉效果降低	盐酸普鲁卡因注射液,浸润麻醉,封闭疗法:0.25%～0.5%溶液。传导麻醉:小动物用2%溶液,每个注射点为2～5 ml。大动物用5%溶液,每个注射点为10～20 ml。硬膜外麻醉:2%～5%溶液,马、牛20～30 ml。静脉注射:马、牛0.5～2 g,猪、羊0.2～0.5 g,用生理盐水配成0.25%～0.5%溶液
毛果芸香碱	毛果芸香碱用于治疗不全阻塞的肠便秘、前胃弛缓、瘤胃不全麻痹、猪食道梗塞等。0.5%～2%本品溶液与散瞳药交替滴眼,用于虹膜炎,可防止虹膜与晶状体粘连	因过量使用而中毒时可用阿托品解毒。本品禁用于年老、瘦弱、妊娠、心和肺疾患等患畜	硝酸毛果芸香碱注射液,皮下注射:一次量,马、牛30～300 mg,猪5～50 mg,羊10～50 mg,犬3～20 mg。兴奋反刍量:牛40～60 mg。滴眼剂:0.5%～2%溶液
新斯的明	新斯的明为抗胆碱酯酶药。临床上适用于牛前胃弛缓、子宫复旧不全、胎盘滞留、尿潴留,以及治疗重症肌无力阿托品过量中毒和大剂量氨基糖苷类抗生素引起的呼吸衰竭	(1)因过量使用而中毒时,可用阿托品解救。 (2)禁用于肠变位病畜和孕畜。 (3)本品可在室温下保存,避免高温、冰冻与光照	甲硫酸新斯的明注射液,皮下、肌内注射:一次量,马4～10 mg,牛4～20 mg,猪、羊2～5 mg,犬0.25～1 mg
阿托品	阿托品为抗胆碱药的代表药,可用于缓解胃肠道平滑肌的痉挛性疼痛;在麻醉前给药,可减少呼吸道分泌;局部给药用于虹膜睫状体炎及散瞳检查眼底;发生感染中毒性休克、有机磷制剂中毒时,可用阿托品配合解磷毒、双复磷等解救	(1)较大剂量可强烈收缩胃肠括约肌,对牛有引起急性胃扩张、肠臌胀及瘤胃臌气的危险。 (2)使用本品治疗感染中毒性休克及有机磷中毒时,常需大剂量才奏效。 (3)硫酸阿托品注射液可在室温下保存,应避免冰冻	硫酸阿托品片,内服:犬、猫0.02～0.04 mg。硫酸阿托品注射液,肌内、皮下静脉注射:麻醉前给药,马、牛、羊、猪、犬、猫0.02～0.05 mg;解有机磷农药中毒时,马、羊、猪0.5～1 mg,犬、猫0.1～0.15 mg,禽0.1～0.2 mg

药物	用途	应用注意	用法与用量
琥珀酰胆碱	琥珀酰胆碱为去极化型肌松药,广泛用于野生动物的化学保定,在养鹿场、动物园用于梅花鹿、马鹿的锯茸,以及各种动物的捕捉、驯养、运输及疾病诊治等方面	(1)由于本品的有效量与致死量较接近,因此,必须精确计量。 (2)本品的种属差异极为明显,特别对反刍动物的安全性更低,用时慎重。 (3)体质瘦弱、患有传染性疾病以及妊娠的动物应慎用。 (4)配制药液应在24 h内用完,剩余药液应弃去	氯化琥珀胆碱注射液,静脉注射:马0.1～0.15 mg,牛、羊0.016～0.02 mg,猪2 mg,犬0.06～0.15 mg,猫0.11 mg,猴1～2 mg。肌内注射:马、牛、羊、猪的剂量同静脉注射
肾上腺素	肾上腺素为强大的α和β受体激动剂。本品在兽医临床上可用于: (1)心室内注射用于抢救心功能骤然减弱或心脏骤停。 (2)皮下注射、肌内注射或缓慢静脉注射用于抢救过敏性休克。 (3)皮下注射或肌内注射用于治疗荨麻疹、血清病和血管神经性水肿等过敏反应,缓解支气管哮喘。 (4)局部用1:(5000～100000)溶液,作为局部止血药	(1)与全麻药如水合氯醛、氟烷合用时,尤易发生心室颤动;不能与洋地黄、钙剂并用。 (2)皮下注射误入血管或静脉注射剂量过大、速度过快,可使血压骤升、中枢神经系统抑制和呼吸停止。 (3)本品应避光保存、使用。 (4)影响本品稳定性的最大因素为pH,pH为3～4时本品较为稳定,当pH大于5.5时则不稳定,此时药液的外观虽无变化,但会发生明显失活	盐酸肾上腺素注射液,皮下或肌内注射:马、牛2～5 mg,羊、猪0.2～1 mg,犬0.1～0.5 mg,猫0.1～0.2 mg。用于急救时,可用生理盐水或葡萄糖溶液将其稀释10倍后,作静脉注射。必要时,可作心内注射,其用量为:马、牛1～3 mg,羊、猪0.2～0.6 mg,犬0.1～0.3 mg,猫0.1～0.2 mg
麻黄碱	麻黄碱的作用大体上和肾上腺素相似,不同的是此药的外周作用弱而持久,而中枢作用则远比肾上腺素强。本品可用于缓解支气管痉挛,治疗支气管哮喘等;在麻醉药中毒时可用作苏醒药	(1)本品应避光保存。 (2)本品的不良反应可见食欲缺乏、恶心、呕吐、口渴、排尿困难、肌无力等	盐酸麻黄碱片,内服:马、牛50～500 mg,羊20～100 mg,猪20～50 mg,犬10～30 mg,猫2～5 mg,母禽醒抱用量为50 mg。 盐酸麻黄碱注射液,皮下注射:一次量,马、牛50～300 mg,羊、猪20～50 mg,犬10～30 mg
异丙肾上腺素	异丙肾上腺素是近年来较受重视的抗休克药物之一,较常用于感染性休克,对血容量已补足,而心输出量不足,中心静脉压较高的休克较为适用;也可用于缓解支气管哮喘等	(1)用于抗休克时,应先补充血容量,因为血容量不足时,本品可致血压下降而发生危险。 (2)本品应于2～15 ℃避光密闭保存,见光、受热和暴露于空气中均可引起变色,变色与发生沉淀时不可使用	盐酸异丙肾上腺素注射液,皮下或肌内注射:犬、猫0.1～0.2 mg,每6 h一次。 静脉滴注:马、牛1～4 mg,羊、猪0.2～0.4 mg。混入5%葡萄糖溶液500 ml中缓慢注入;犬、猫1 mg,加入5%葡萄糖溶液中滴注,直至发挥疗效

5.3.18　呼吸系统药物

药物	用途	应用注意	用法与用量
喷托维林	喷托维林(又称咳必清、维静宁)为非成瘾性中枢性镇咳药。本品在临床上适用于急性呼吸道炎症引起的干咳,也常与祛痰药合用,用于治疗伴有剧咳的呼吸道炎症	(1)由于本品有阿托品样作用,故应用大剂量时易产生腹胀和便秘。 (2)多痰性咳嗽、心脏功能不全并伴有肺部淤血的病畜忌用	枸橼酸喷托维林片,内服:一次量,马、牛 0.5～1 g,猪、羊 0.05～0.1 g,一日 2～3 次
氨茶碱	氨茶碱主要用于治疗痉挛性支气管炎、支气管哮喘,也可用于预防或缓解麻醉过程中意外发生的支气管痉挛	(1)本品的碱性较强,局部刺激性大,不可皮下注射,应于深部肌内注射或静脉注射。 (2)静脉注射宜用葡萄糖注射液将本品浓度稀释至 2.5% 以下,缓缓静脉注入。 (3)氨茶碱不可与其他药物配伍混合注射	氨茶碱片,内服:羊、猪 1～2 mg,犬、猫 10～15 mg。 氨茶碱注射液,静脉或肌内注射:一次量,马、牛 1～2 g,羊、猪 0.25～0.5 g,犬 0.05～0.1 g

5.3.19　血液循环系统药物

药物	用途	应用注意	用法与用量
维生素 K_3	维生素 K_3 主要用于治疗畜禽因维生素 K 缺乏而引起的出血性疾病。在解救杀鼠药"敌鼠钠"中毒时,宜用大剂量	(1)维生素 K_3 可损害肝脏,肝功能不良的病畜应改用维生素 K_1。 (2)临产母畜大剂量应用维生素 K_3,可使新生仔畜出现溶血、黄疸或胆红素血症。 (3)人工合成的维生素 K_3 和维生素 K_4 因具有刺激性,长期应用可刺激肾而引起蛋白尿。 (4)维生素 K_3 注射液遇光易分解,遇酸、碱易失效,宜避光防冻保存	维生素 K_3 注射液,肌内注射:一次量,马、牛 100～300 mg,羊、猪 30～50 mg,犬 10～30 mg,猫 1～5 mg,兔 1～2 mg,禽 2～4 mg,一日 2～3 次
酚磺乙胺	酚磺乙胺(又称止血敏)适用于各种出血(如内脏出血、子宫出血)及手术前预防出血和手术后止血	(1)用于预防外科手术出血时,应在术前 15～30 min用药。必要时可每隔 2 h注射 1 次,也可与维生素 K_3 或 6-氨基己酸等配合应用。 (2)本品在碱性溶液中会变色(氧化反应),止血效力会降低(如加入维生素C,既可防止变色,又能保持止血效力)	酚磺乙胺注射液,肌内、静脉注射:一次量,马、牛1.25～2.5 g,羊、猪、犬 0.25～0.5 g,1 日 2～3 次

续表

药物	用途	应用注意	用法与用量
肝素	肝素在体内外均有抗凝血作用,主要用于: (1)小动物的弥散性血管内凝血。 (2)各种急性血栓性疾病。 (3)输血及检查血液时体外血液样品抗凝。 (4)各种原因引起的血管内凝血	(1)本品的刺激性强,肌内注射可致局部血肿,因此,应酌量加盐酸普鲁卡因溶液。 (2)用量过多可致自发性出血,可静脉注射硫酸鱼精蛋白进行对抗。通常1 mg鱼精蛋白在体内中和100 IU肝素钠。鱼精蛋白的用量需与所用肝素(最后一次使用量)相当,由静脉缓缓注入。 (3)禁用于出血性素质和伴有血液凝固延缓的各种疾病,慎用于肾功能不全的动物,孕畜,产后、流产、外伤及手术后动物。 (4)肝素化的血液不能用作同类凝集、补体和红细胞脆性试验。 (5)肝素钠稀释于5%葡萄糖溶液时活性可能会降低	肝素钠注射液,肌内、静脉注射:马、牛、羊、猪 100～130 IU,犬 150～250 IU,猫 250～375 IU。体外抗凝:每 500 ml 血液用肝素钠 100 IU。实验室血样:1 ml 血样加肝素 10 IU
枸橼酸钠	枸橼酸钠(又称柠檬酸钠)仅用于体外抗凝血。本品可用于输血或化验室血样抗凝	大量输血时,应注射适量钙剂,以预防低钙血症	一般配制成 2.5%～40% 灭菌溶液,在 100 ml 全血中加 10 ml 本品,即可使血液不再凝固
右旋糖酐铁	右旋糖酐铁注射液适用于重症缺铁性贫血或不宜内服铁剂的缺铁性贫血,在兽医临床上常用于仔猪缺铁性贫血	(1)本品需冷藏,久置可发生沉淀。 (2)本品不主张同其他药物配伍使用。 (3)急性中毒解毒时可肌内注射去铁敏,剂量为 20 mg/kg体重,每 4 h 一次。 (4)肌注时可引起局部疼痛,应深部肌注	右旋糖酐铁片,内服:一次量,仔猪 100～200 mg。 右旋糖酐铁注射液,肌内注射:一次量,驹、犊 200～600 mg,仔猪 100～200 mg,幼犬 20～200 mg

5.3.20 消化系统药物

药物	用途	应用注意	用法与用量
氯化钠	临床上用于治疗动物食欲不振、消化不良及早期大肠便秘。10%氯化钠溶液静脉注射,用于治疗牛前胃弛缓、瘤胃积食、肠便秘等;外用于洗涤创伤。等渗生理盐水可以洗眼、冲洗子宫等,也可用于稀释其他注射液	本品的毒性虽然较小,但猪和家禽对其较敏感,易发生中毒	健胃内服:一次量,马 10～25 g,牛 20～50 g,羊 5～10 g,猪 2～5 g。10%氯化钠高渗灭菌水溶液,静脉注射:大动物 0.1 g/kg 体重,注射速度宜缓慢,心衰动物慎用

药物	用途	应用注意	用法与用量
大黄	大黄在临床上常用作健胃药和泻药,如用于食欲不振、消化不良等	—	大黄末,内服:一次量,健胃,牛 20～40 g,羊 2～4 g,猪 1～5 g,犬 0.5～2 g;致泻,牛 100～150 g,驹、犊 10～30 g,仔猪 2～5 g,犬 2～4 g。 大黄苏打片,内服:牛 6～15 g;猪 5～10 g;羔羊 0.5～2 g;兔 0.6 g
碳酸氢钠	碳酸氢钠在临床上常用于健胃、缓解酸中毒、碱化尿液、祛痰和外用	本品为弱碱性药物,禁止与酸性药物混合应用。在中和胃酸后,可继发性引起胃酸过多	碳酸氢钠片,内服:一次量,马 15～60 g,牛 30～100 g,羊 5～10 g,猪 2～5 g,犬 0.5～2 g
硫酸钠	临床上硫酸钠(又称芒硝)小剂量内服用于治疗消化不良,常配合其他健胃药使用;大剂量主要用于治疗大肠便秘,排除肠内毒物、毒素,或作为驱虫药的辅助用药。10%～20%硫酸钠溶液常外用于冲洗化脓创和瘘管等	用时加水稀释成 3%～4% 溶液灌服。浓度过高的盐类溶液进入十二指肠后,会反射性地引起幽门括约肌痉挛,妨碍胃内容物的排空,有时甚至能引起肠炎	用于健胃的内服量:牛 15～50 g,羊、猪 3～10 g。用于泻下:牛 400～800 g(干燥硫酸钠 100～300 g),羊 40～100 g(干燥硫酸钠 20～50 g),猪 25～50 g(干燥硫酸钠 10～25 g),犬 10～25 g(干燥硫酸钠 5～10 g)。用时加水配成 5%～10%溶液
鞣酸	鞣酸在临床上主要用于非细菌性腹泻和肠炎的止泻。在某些毒物中毒时,可用鞣酸溶液(1%～2%)洗胃或灌服	(1)鞣酸被吸收后对肝脏有毒性。 (2)鞣酸用于沉淀胃肠道中未被吸收的毒物时,必须及时使用盐类泻药,以加速排出	内服:一次量,马、牛 10～20 g,羊 2～5 g,猪 1～2 g,犬 0.2～2 g
药用碳	药用碳在临床上主要用于治疗腹泻、肠炎、胃肠臌气和排除毒物(如生物碱等中毒)	(1)本品能吸附其他药物和影响消化酶活性。 (2)在用于吸附生物碱和重金属等毒物时,必须用盐类泻药促其迅速排出。 (3)本品不宜反复使用,以免影响动物的食欲、消化以及营养物质的吸收等	药用碳片,内服:一次量,马、牛 100～300 g,羊 5～50 g,猪 3～10 g,犬 0.3～5 g,猫 0.15～2.5 g,兔 0.5～2 g,貉 0.1～0.2 g,禽 0.2～1 g。使用时加水制成混悬液灌服

5.3.21 泌尿生殖系统药物

药物	用途	应用注意	用法与用量
呋喃苯胺酸	呋喃苯胺酸(又称利尿磺胺、速尿和呋塞米)适用于各种原因引起的水肿,如脑水肿、肺水肿、心性水肿、肾性水肿、肝硬化性腹水和其他利尿药治疗无效的严重水肿。对一般性水肿,因本品易引起电解质紊乱,故不宜常规应用。此外,该药也可用于预防急性肾衰竭,加速中毒毒物的排泄	(1)长期大量用药可出现低血容量、低血钠、低血钾和低血氯性碱中毒,应补钾或与保钾性利尿药配伍使用。 (2)本品具有耳毒性,表现为眩晕、听力下降或暂时性耳聋。 (3)妊娠动物禁用。 (4)本品遇光照会变色,若药液变成黄色,则不可使用。本品可在室温下贮存,冷藏时发生沉淀,升高温度后沉淀可溶解且活性不受影响	呋塞米片,内服:牛、羊、猪2 mg,犬、猫2.5~5 mg,每日1~2次,连用2~3日。呋塞米注射液,肌内、静脉注射:马、牛0.5~1 mg,羊、猪1~2 mg,犬、猫1~5 mg,每日1~2次
氢氯噻嗪	氢氯噻嗪适用于心性、肝性及肾性等各种水肿,还可用于促进毒物由肾脏排出。其优点为钠、氯离子的平衡排出,较少引起机体酸碱平衡紊乱。对乳房浮肿以及胸、腹部炎性肿胀,可作为辅助治疗药物	(1)可引起低血钾和低血镁,长期或大量应用时应与氯化钾配合应用,以免引起低血钾症。 (2)本品可减少细胞外液容量,增加近曲小管对尿酸的重吸收。痛风患畜慎用。 (3)肝、肾功能减退者应慎用	氢氯噻嗪注射液,静脉或肌内注射:一次量,牛100~250 mg。肌内注射:一次量,羊、猪50~75mg,犬10~25 mg
螺内酯	螺内酯在兽医临床上一般不作为首选药,可与呋塞米、氢氯噻嗪等其他利尿药合用,以加强其利尿作用,纠正低血钾症	(1)本品有保钾作用,应用时无需补钾。 (2)肾衰竭及高血钾患畜忌用。 (3)排钾性利尿药与螺内酯有协同性利尿作用	螺内酯片,内服:牛、猪、羊0.5~1.5 mg,犬、猫2~4 mg,每日3次
甘露醇	甘露醇为治疗脑水肿的首选药,也用于其他组织水肿、休克、手术或创伤及出血后急性肾衰竭后的无尿、少尿症,还可用于促进毒物的排出	(1)静脉注射时勿漏到血管外,以免引起局部肿胀、坏死。 (2)必要时,每隔6~12 h重复静脉注射一次。 (3)心脏功能不全的患畜不宜应用,以免引起心力衰竭。 (4)不能与高渗NaCl溶液配合使用,因为氯化钠可促进其排出。 (5)用量不宜过大,注射速度不宜过快,以防组织严重脱水	甘露醇注射液,静脉注射:一次量,马、牛1000~2000 ml,羊、猪100~250 ml

续表

药物	用途	应用注意	用法与用量
雌激素	雌激素能使子宫体收缩、子宫颈松弛,可促进炎症产物、脓肿、胎衣及死胎排出,可配合催产素用于催产;小剂量用于发情不明显动物的催情	—	苯甲酸雌二醇注射液,肌内注射:一次量,牛 5～20 mg,羊 1～3 mg,猪 3～10 mg,犬 0.2～0.5 mg
黄体酮	黄体酮主要用于因孕激素不足所致的早期流产、后期流产或习惯性流产;或用于促使母畜同期发情,便于同时进行人工授精和同期分娩	(1)遇冷易析出结晶,置于热水中溶解后可使用。 (2)长期应用可使妊娠期延长。 (3)泌乳奶牛禁用。 (4)宰前应停药 3 周	黄体酮注射液,静脉、肌内注射:一次量,马、牛 50～100 mg,羊、猪 5～25 mg,犬 2～5 mg
垂体后叶素	垂体后叶素主要用于催产、产后子宫出血、胎衣不下、促进子宫复原、排乳等	(1)产道阻塞、胎位不正、骨盆狭窄、子宫颈未开放的家畜禁用。 (2)本品可引起过敏反应,用量大时可引起血压升高、少尿及腹痛。 (3)本品的性质不稳定,应在避光、密闭、阴凉处保存	垂体后叶素注射液,肌内、静脉滴注:马、牛 50～100 IU,羊、猪 10～50 IU,犬 5～30 IU,猫 5～10 IU

5.4　消毒和灭菌

5.4.1　器械消毒的常用药物与方法步骤

类别	消毒对象	消毒药物与方法步骤	备注
玻璃类	体温表	先用 1%过氧乙酸溶液浸泡 5 min 作第一道处理,然后放入 1%过氧乙酸溶液中浸泡 30 min 后作第二道处理	—
	注射器	针筒用 0.2%过氧乙酸溶液浸泡 30 min 后再清洗,经煮沸或高压消毒后备用	(1)针头用皂水煮沸消毒 15 min 后洗净,消毒后备用 (2)煮沸时间从沸腾时算起,消毒物应全部浸入水中
	各种玻璃接管	(1)将接管分类浸入 0.2%过氧乙酸溶液中,浸泡30 min后用清水冲洗。 (2)将接管用皂水刷洗,然后用清水冲净,烘干后分类装入盛器,经高压消毒后备用	有积垢的玻璃管须用清洁液浸泡 2 h,洗净后再做消毒处理

续表

类别	消毒对象	消毒药物与方法步骤	备注
搪瓷类	药杯和换药碗	(1)将药杯用清水冲去残留药液后浸泡在1∶1000新洁尔灭溶液中1 h。 (2)将换药碗用皂水煮沸消毒15 min。 (3)将药杯与换药碗分别用清水刷洗冲净后,煮沸消毒15 min或高压消毒后备用	(1)药杯与换药碗不能放在同一容器中煮沸或浸泡。 (2)若用后的换药碗染有各种药液颜色,则应煮沸消毒后用去污粉擦净,洗清干净,擦干后再浸泡。 (3)冲洗药杯内残留药液后的污水须经处理再弃去
	托盘和方盘	(1)分别将其浸泡在1%漂白粉清液中1 h。 (2)用皂水洗刷,用清水洗净后备用	漂白粉清液每2周更换1次,夏季每周更换1次
	污物、敷料桶	(1)将桶内污物倒掉后,用0.2%过氧乙酸溶液喷雾消毒,放置30 min。 (2)用碱或皂水将桶刷洗干净,用清水洗净后备用	(1)污物敷料桶每周消毒1次。 (2)桶内倒出的污敷料须经消毒处理后回收或焚毁后弃去
器械类	镊子和钳子	(1)放入1%皂水中消毒15 min。 (2)用清水将其冲净后,煮沸15 min或高压消毒后备用	(1)被脓、血污染的镊子、钳子或锐利器械应先用清水洗刷干净,再行消毒。 (2)洗刷下的脓、血按1000 ml加过氧乙酸原液10 ml计算,消毒30 min后,才能倒弃。 (3)器械盒每周消毒1次。 (4)器械在使用前应用生理盐水淋洗
	锐利器械	(1)将器械浸泡在1∶1000新洁尔灭溶液中1 h。 (2)用肥皂水将器械刷洗,然后用清水冲净,擦干后,浸泡于第二道1∶1000新洁尔灭溶液中2 h。 (3)将经过第一道、第二道消毒后的器械取出,浸泡于第三道含1∶1000新洁尔灭溶液的消毒盒内备用	
	开口器	(1)将开口器浸入1%过氧乙酸溶液中,30 min后用清水冲洗。 (2)用皂水刷洗,并用清水冲净,擦干后煮沸或高压消毒后备用	浸泡时开口器应全部浸入消毒液中
	硅胶管	(1)将硅胶管拆去针头,浸泡在0.2%过氧乙酸溶液中,30 min后用清水冲洗。 (2)用皂水冲洗硅胶管管腔后,用清水冲净、擦干	将拆下的针头按注射器针头消毒处理
	手套	(1)将手套浸泡在0.2%过氧乙酸溶液中,30 min后用清水冲洗。 (2)将手套用肥皂水清洗,清洗漂净后晾干。 (3)将晾干的手套用高压消毒或环氧乙烷熏蒸消毒后备用	手套应浸没于过氧乙酸溶液中,不能浮于液面上
	胶皮管	(1)用浸有0.2%过氧乙酸溶液的布擦洗物件表面。 (2)用肥皂水将其刷洗干净,用清水洗净后备用	
	导尿管和胃导管	(1)将物件分类浸入0.1%过氧乙酸溶液中,浸泡30 min后用清水冲洗。 (2)将物件中的药物用肥皂水洗刷,清水洗净后,分类煮沸15 min或高压消毒后备用	物件上的胶布痕迹可用乙醚擦除

续表

类别	消毒对象	消毒药物与方法步骤	备注
其他	手术衣、帽、口罩等	(1)将手套浸泡在0.2%过氧乙酸溶液中，30 min后用清水冲洗。 (2)用肥皂水冲洗，并用清水洗净，晒干、高压灭菌后备用	口罩应与其他物品分开洗涤
	创巾和敷料	(1)污染血液的创巾和敷料，先放在冷水或5%氨水内浸泡数小时，然后用肥皂水冲洗，最后在清水中漂净。 (2)污染碘酊的创巾和敷料，用2%硫代硫酸钠溶液浸泡1 h，然后用清水漂洗，拧干后浸于0.5%氨水中，再用清水漂净。 (3)将清洗后的创巾和敷料置于高压灭菌锅中灭菌备用	被传染性病原污染时，应先消毒后洗涤，再灭菌
	推车	(1)每月用去污剂或皂粉将推车擦洗1次。 (2)污染的推车应及时用浸有0.2%过氧乙酸的揩布擦洗，30 min后再用清水擦净	推车应经常保持整洁。清洁的推车应与污染物品的推车分开

5.4.2　疫源地的消毒药物与方法

污染物	消毒方法及消毒剂参考剂量	
	细菌性传染病	病毒和真菌性传染病
空气	(1)甲醛熏蒸，用量为12.5～25 mg/m³，作用12 h(加热法)。 (2)2%过氧乙酸熏蒸，用量为1 g/m³，作用1 h(20 ℃)。 (3)0.2%～0.5%过氧乙酸或3%来苏儿喷雾，用量为30 ml/m³，作用30～60 min	(1)甲醛熏蒸，用量为12.5～25 mg/m³，作用12 h(加热法)。 (2)过氧乙酸熏蒸，用量为3 g/m³，作用90 min(20 ℃)。 (3)0.5%过氧乙酸或5%漂白粉澄清液喷雾，作用1～2 h。 (4)乳酸熏蒸，用量为10 mg/m³，加水1～2倍，作用30～90 min
排泄物(粪、尿和呕吐物)	(1)成形粪便加2倍量的5%～10%漂白粉乳液，作用2～4 h。 (2)对稀粪便，可直接加漂白粉，用量为粪便的1/5，作用2～4 h	(1)成形粪便加2倍量的5%～10%的漂白粉乳液，充分搅拌，作用6 h。 (2)对稀粪便，可直接加漂白粉，用量为粪便的1/5，充分搅拌，作用2～4 h
分泌物(唾液、乳汁和脓汁)	(1)加等量的10%漂白粉或1/5量的干粉，作用1 h。 (2)加等量的0.5%过氧乙酸，作用30～60 min。 (3)加等量的3%～6%来苏儿，作用1 h	(1)加等量的10%～20%漂白粉或1/5量的干粉，作用2～4 h。 (2)加等量的0.5%～1%过氧乙酸，作用30～60 min
饲槽、水槽和饮水器	(1)0.5%过氧乙酸浸泡30～60 min。 (2)1%～2%漂白粉澄清液浸泡30～60 min。 (3)0.5%季铵盐类消毒液浸泡30～60 min。 (4)1%～2%氢氧化钠热溶液浸泡6～12 h	(1)0.5%过氧乙酸浸泡30～60 min。 (2)3%～6%漂白粉澄清液浸泡30～60 min。 (3)2%～4%氢氧化钠热溶液浸泡6～12 h

续表

污染物	消毒方法及消毒剂参考剂量	
	细菌性传染病	病毒和真菌性传染病
工作服和被单等织物	(1)高压蒸汽灭菌,于121 ℃下作用15~20 min。 (2)煮沸15 min(加0.5%肥皂)。 (3)甲醛熏蒸,用量为25 ml/m³,作用12 h。 (4)环氧乙烷熏蒸,作用2 h(20 ℃)。 (5)过氧乙酸熏蒸,用量为1 g/m³,作用1 h。 (6)2%漂白粉澄清液、0.3%过氧乙酸或3%来苏儿浸泡30~60 min。 (7)0.02%碘伏浸泡10 min	(1)高压蒸汽灭菌,于121 ℃下作用30~60 min。 (2)煮沸15~20 min(加0.5%肥皂)。 (3)甲醛熏蒸,用量为5 ml/m³,作用12 h。 (4)环氧乙烷熏蒸,作用2 h(20 ℃)。 (5)过氧乙酸熏蒸,用量为3 g/m³,作用90 min(20 ℃)。 (6)2%漂白粉澄清液浸泡1~2 h。 (7)0.03%碘伏浸泡15 min
文件和纸张	(1)环氧乙烷熏蒸,用量为2.5 g/L,作用2 h(20 ℃)。 (2)甲醛熏蒸,用量为25 mg/m³,作用12 h	(1)环氧乙烷熏蒸,用量为2.5 g/L,作用2 h(20 ℃)。 (2)甲醛熏蒸,用量为25 mg/m³,作用12 h
用具	(1)高压蒸汽灭菌。 (2)煮沸15 min。 (3)环氧乙烷熏蒸,用量为2.5 g/L,作用2 h(20 ℃)。 (4)甲醛熏蒸,用量为50 mg/m³,作用1 h(消毒间)。 (5)1%~2%漂白粉澄清液、0.2%~0.3%过氧乙酸、3%来苏儿、0.5%季铵盐类消毒剂浸泡或擦拭,作用30~60 min。 (6)0.01%碘伏浸泡5 min	(1)高压蒸汽灭菌。 (2)煮沸30 min。 (3)环氧乙烷熏蒸,用量为2.5 g/L,作用2 h(20 ℃)。 (4)甲醛熏蒸,用量为125 mg/m³,作用3 h(消毒间)。 (5)5%漂白粉澄清液、0.5%过氧乙酸浸泡或擦拭,作用30~60 min。 (6)0.05%碘伏浸泡10 min
圈舍和运动场	(1)畜圈四壁用2%漂白粉澄清液喷雾(200 ml/m²),作用1~2 h。 (2)畜圈与野外地面用漂白粉喷洒,用量为20~40 g/m²,作用2~4 h(30 ℃);或1%~2%氢氧化钠溶液、5%来苏儿溶液喷洒,用量为1000 ml/m²,作用6~12 h。 (3)甲醛熏蒸,用量为12.5~25 mg/m³,作用12 h(加热法)。 (4)2%过氧乙酸熏蒸,用量为1 g/m³,作用60 min(20 ℃)。 (5)0.2%~0.5%过氧乙酸、3%来苏儿喷雾或擦拭,作用1~2 h	(1)畜圈四壁用5%~10%漂白粉澄清液喷雾(200 ml/m²),作用1~2 h。 (2)畜圈与野外地面用漂白粉喷洒,用量为20~40 g/m²,作用2~4 h(30 ℃);或2%~4%的氢氧化钠溶液、5%来苏儿溶液喷洒,用量为1000 ml/m²,作用12 h。 (3)甲醛熏蒸,用量为25 mg/m³,作用12 h(加热法)。 (4)2%过氧乙酸熏蒸,用量为3 g/m³,作用90 min(20 ℃)。 (5)0.5%过氧乙酸、5%来苏儿喷雾或擦拭,作用2~4 h
运输工具	(1)1%~2%漂白粉澄清液、0.2%~0.3%过氧乙酸喷雾或擦拭,作用30~60 min。 (2)3%来苏儿、0.5%季铵盐类消毒剂喷雾或擦拭,作用30~60 min。 (3)1%~2%氢氧化钠溶液喷洒或擦拭,作用1~2 h	(1)5%~10%漂白粉澄清液、0.5%~1%过氧乙酸喷雾或擦拭,作用30~60 min。 (2)5%来苏儿喷雾或擦拭,作用1~2 h。 (3)2%~4%氢氧化钠溶液喷洒或擦拭,作用2~4 h
医疗器械和玻璃制品	(1)1%过氧乙酸浸泡30 min。 (2)0.01%碘伏浸泡30 min,用纯化水冲洗	(1)1%过氧乙酸浸泡30 min。 (2)0.01%碘伏浸泡30 min,用纯化水冲洗

5.5 常用生物制品种类及使用方法

5.5.1 牛、羊常用灭活疫苗的种类、性状及使用说明

产品名称	性状	使用说明
气肿疽灭活疫苗	气肿疽梭菌灭活疫苗	预防牛、羊气肿疽。皮下注射。不论年龄大小，牛 5 ml；羊 1 ml。6 月龄以下的犊牛注射后，到 6 月龄时，应再注射 1 次
肉毒梭菌中毒症 C 型灭活疫苗	肉毒梭菌（C 型）氢氧化铝灭活疫苗	预防牛、羊、骆驼、水貂的 C 型肉毒梭菌中毒症。皮下注射。绵羊 4 ml；牛 10 ml；骆驼 20 ml；水貂 2 ml
破伤风类毒素	破伤风梭菌类毒素	预防家畜破伤风。皮下注射。马、骡、驴、鹿 1 ml；幼畜 0.5 ml，6 个月后再注射 1 次；绵羊、山羊 0.5 ml
伪狂犬病灭活疫苗	伪狂犬病病毒灭活疫苗	预防牛、羊伪狂犬病。颈部皮下注射
牛多杀性巴氏杆菌病灭活疫苗	多杀性巴氏杆菌（B 群）氢氧化铝灭活疫苗	预防牛多杀性巴氏杆菌病。皮下或肌内注射。体重 100 kg 以下的牛 4 ml；100 kg 以上的牛 6 ml
牛副伤寒灭活疫苗	肺炎沙门氏菌氢氧化铝灭活疫苗	预防牛副伤寒及病牛沙门菌病。肌内注射。1 岁以下牛 1 ml；1 岁以上牛 2 ml。在已发生牛副伤寒的畜群中，可对 2～10 日龄的犊牛肌内注射疫苗 1 ml。对孕牛应在产前 45～60 日注射疫苗，所产犊牛应在 30～45 日龄时再注射疫苗
牛副结核灭活疫苗	副结核分枝杆菌灭活疫苗	预防牛副结核。犊牛出生后 7 日内于胸垂皮下注射 1 ml
牛流行热灭活疫苗	牛流行热病毒油乳剂灭活疫苗	预防牛流行热。颈部皮下注射 2 次，每次 4 ml，间隔 21 日；6 日龄以下的犊牛，注射剂量减半
牛口蹄疫 O 型灭活疫苗	口蹄疫病毒（O 型）油乳剂灭活疫苗	预防牛 O 型口蹄疫。肌内注射。成年牛 3 ml；1 岁以下犊牛 2 ml
羊大肠埃希菌病灭活疫苗	大肠埃希菌氢氧化铝灭活疫苗	预防羊大肠埃希菌病。皮下注射。3 月龄以上的绵羊或山羊 2 ml；3 月龄以下，如需注射，每只 0.5～1 ml
羊败血性链球菌病灭活疫苗	羊源兽疫链球菌氢氧化铝灭活疫苗	预防绵羊和山羊败血性链球菌病。皮下注射。绵羊和山羊不论大小，均为 5 ml
羊梭菌病多联干粉灭活疫苗	腐败梭菌、产气荚膜梭菌（B、C、D 型）、诺维梭菌、肉毒梭菌（C 型）、破伤风梭菌干粉灭活疫苗	预防羊快疫、羔羊痢疾、猝狙、肠毒血症、黑疫、肉毒梭菌中毒症和破伤风。肌内或皮下注射。不论羊只年龄大小，均为 1 ml
羊黑疫、快疫二联灭活疫苗	诺维梭菌和腐败梭菌氢氧化铝灭活疫苗	预防绵羊快疫和黑疫。肌内或皮下注射。不论羊只年龄大小，均为 5 ml

产品名称	性状	使用说明
羊快疫、猝狙(或羔羊痢疾)、肠毒血症三联灭活疫苗	腐败梭菌和产气荚膜梭菌C型(或B型)、D型氢氧化铝灭活疫苗	预防羊快疫、猝狙和肠毒血症。肌内或皮下注射。不论羊只年龄大小,均为5 ml
羊快疫、猝狙(或羔羊痢疾)、肠毒血症(复合培养基)三联灭活疫苗	腐败梭菌和产气荚膜梭菌C型(或B型)、D型氢氧化铝灭活疫苗	预防羊快疫、猝狙和肠毒血症。皮下或肌内注射。不论羊只年龄大小,均为5 ml
山羊炭疽疫苗	无荚膜炭疽杆菌弱毒株油乳剂灭活疫苗	预防山羊炭疽。颈部皮下注射。半岁以上山羊2 ml
山羊传染性胸膜肺炎灭活疫苗	山羊传染性胸膜肺炎氢氧化铝灭活疫苗	预防山羊传染性胸膜肺炎。皮下或肌内注射。成年羊5 ml;6月龄以下羔羊3 ml
羊衣原体病灭活苗	羊衣原体油乳剂灭活疫苗	预防山羊和绵羊衣原体病。皮下注射。每只3 ml
羊支原体肺炎灭活疫苗	羊肺炎支原体氢氧化铝灭活疫苗	预防由羊支原体引起的肺炎。颈部皮下注射。成年羊5 ml;半岁以下羔羊3 ml

5.5.2　猪常用灭活疫苗的种类、性状及使用说明

产品名称	性状	使用说明
仔猪红痢灭活疫苗	产气荚膜梭菌(C型)氢氧化铝灭活疫苗	预防仔猪红痢。肌内注射。母猪在分娩前30日和15日各注射1次,每次5~10 ml
仔猪大肠埃希菌病三价灭活疫苗	猪大肠杆菌(带有K88、K99、987P纤毛抗原)氢氧化铝灭活疫苗	预防仔猪大肠埃希菌病(即仔猪黄痢)。肌内注射。妊娠母猪在产仔前40日和15日各注射1次,每次5 ml
仔猪大肠埃希菌病K88、K99双价基因工程灭活疫苗	猪大肠杆菌基因工程菌(带有K88、K99纤毛抗原)灭活疫苗	预防仔猪黄痢。耳根部皮下注射。怀孕母猪在临产前21日左右注射1次
猪、牛多杀性巴氏杆菌病灭活疫苗	多杀性巴氏杆菌(B群)氢氧化铝灭活疫苗	预防猪和牛多杀性巴氏杆菌病。皮下或肌内注射。猪2 ml;牛3 ml
猪多杀性巴氏杆菌病灭活疫苗	多杀性巴氏杆菌(B群)氢氧化铝灭活疫苗	预防猪多杀性巴氏杆菌病。皮下或肌内注射。断乳后的猪不论大小,均为5 ml
猪丹毒灭活疫苗	猪丹毒杆菌氢氧化铝灭活疫苗	预防猪丹毒。皮下或肌内注射。体重10 kg以上的断奶猪5 ml;未断奶仔猪3 ml,间隔1个月后,再注射3 ml
猪丹毒、猪多杀性巴氏杆菌病二联灭活疫苗	猪丹毒杆菌和猪源多杀性巴氏杆菌氢氧化铝灭活疫苗	预防猪丹毒和猪多杀性巴氏杆菌。皮下或肌内注射。体重10 kg以上的断奶猪5 ml;未断奶的仔猪3 ml,间隔1个月后,再注射3 ml
猪传染性萎缩性鼻炎灭活疫苗	猪传染性萎缩性鼻炎油乳剂灭活疫苗	预防猪传染性萎缩性鼻炎。妊娠母猪产前1个月皮下注射2 ml

产品名称	性状	使用说明
猪鹦鹉热衣原体病灭活疫苗	猪鹦鹉热衣原体油乳剂灭活疫苗	预防由鹦鹉热衣原体引起的母猪流产、死胎或弱胎。耳根部皮下注射。每头 2 ml
猪口蹄疫 O 型灭活疫苗	猪口蹄疫 O 型油乳剂灭活疫苗	预防猪 O 型口蹄疫。耳根后肌内注射。体重 10~25 kg,每头 2 ml;25 kg 以上,每头 3 ml
猪细小病毒病灭活疫苗	猪细小病毒油乳剂灭活疫苗	预防由猪细小病毒引起的母猪繁殖障碍病。每头猪深部肌内注射 2 ml
猪乙型脑炎灭活疫苗	猪乙型脑炎油乳剂灭活疫苗	预防猪乙型脑炎。肌内注射。种猪于 6~7 月龄(配种前)或蚊虫出现前 20~30 日注射疫苗 2 次(间隔 10~15 日),经产母猪及成年公猪每年注射 1 次,每次 2 ml
猪伪狂犬病灭活疫苗	猪伪狂犬病油乳剂灭活疫苗	预防由伪狂犬病病毒引起的母猪繁殖障碍、仔猪伪狂犬病和种猪不育症。颈部肌内注射。育肥仔猪断奶时每头 3 ml;种用仔猪断奶时每头 3 ml;间隔 28~42 日,加强免疫接种 1 次,每头 5 ml。以后每隔半年加强免疫接种 1 次。妊娠母猪在产前 1 个月加强免疫接种 1 次
猪传染性胃肠炎、猪流行性腹泻二联灭活疫苗	猪传染性胃肠炎、猪流行性腹泻二联氢氧化铝灭活疫苗	预防猪传染性胃肠炎和猪流行性腹泻。后海穴注射。妊娠母猪于产仔前 20~30 日注射疫苗 4 ml;其所生仔猪于断奶后 7 日内注射 1 ml;体重 25 kg 以下仔猪每头 1 ml;25~50 kg 育成猪 2 ml;50 kg 以上成猪 4 ml

5.5.3　禽常用灭活疫苗的种类、性状及使用说明

产品名称	性状	使用说明
禽多杀性巴氏杆菌病灭活疫苗	禽多杀性巴氏杆菌氢氧化铝灭活苗	预防禽多杀性巴氏杆菌病。肌内注射。2 月龄以上的鸡或鸭,每只 2 ml
禽多杀性巴氏杆菌病油乳剂灭活疫苗	禽多杀性巴氏杆菌油乳剂灭活苗	预防禽多杀性巴氏杆菌病。颈部皮下注射。2 月龄以上的鸡或鸭,每只 1 ml
禽多杀性巴氏杆菌病蜂胶灭活疫苗	禽多杀性巴氏杆菌蜂胶灭活苗	预防禽多杀性巴氏杆菌病。肌内注射。2 月龄以上的鸡、鸭、鹅,每只 1 ml
鸡大肠埃希菌病灭活疫苗	鸡大肠埃希菌氢氧化铝灭活苗	预防鸡大肠埃希菌病。颈背侧皮下注射。每只 0.5 ml
鸡传染性鼻炎灭活苗	鸡传染性鼻炎油乳剂灭活苗	预防鸡传染性鼻炎。胸或颈背皮下注射。42 日龄以下的鸡为 0.25 ml;42 日龄以上的鸡为 0.5 ml
新城疫灭活疫苗	新城疫油乳灭活苗	预防新城疫。颈部皮下注射。14 日龄以内的雏鸡 0.2 ml;同时用 Lasota 疫苗滴鼻或点眼。60 日龄以上的鸡注射 0.5 ml
鸡传染性支气管炎灭活疫苗	鸡传染性支气管炎油乳剂灭活苗	预防鸡传染性支气管炎。胸或颈背皮下注射。30 日龄以内的雏鸡 0.3 ml;成鸡 0.5 ml

产品名称	性状	使用说明
鸡传染性法氏囊病灭活疫苗	鸡传染性法氏囊病油乳剂灭活苗	预防鸡传染性法氏囊病。颈背部皮下注射。18～20 周龄种母鸡,每只 1.2 ml
鸡产蛋下降综合征灭活疫苗	鸡产蛋下降综合征油乳剂灭活苗	预防鸡产蛋下降综合征。肌内或皮下注射。开产前 14～28 日进行免疫,每只 0.5 ml
鸡传染性鼻炎、新城疫二联灭活疫苗	鸡传染性鼻炎、新城疫二联油乳剂灭活苗	预防鸡传染性鼻炎和鸡新城疫。颈部皮下注射。21～42 日龄鸡 0.25 ml;42 日龄以上鸡 0.5 ml
新城疫、传染性法氏囊病二联灭活疫苗	新城疫、传染性法氏囊病二联油乳剂灭活苗	预防新城疫和传染性法氏囊病。颈部皮下注射。60 日龄以内的鸡,每只 0.5 ml;开产前的种鸡(120 日龄左右),每只 1 ml
新城疫、产蛋下降综合征二联灭活疫苗	新城疫、产蛋下降综合征二联油乳剂灭活苗	预防新城疫和后备母鸡产蛋下降综合征。颈部皮下注射。在开产前 14～28 日进行免疫,每只 0.5 ml

5.5.4　兔常用灭活疫苗的种类、性状及使用说明

产品名称	性状	使用说明
兔、禽多杀性巴氏杆菌病灭活疫苗	多杀性巴氏杆菌(A 型)氢氧化铝灭活苗	预防兔、鸡多杀性巴氏杆菌病。皮下注射。90 日龄以上兔,每只 1 ml;60 日龄以上鸡,每只 1 ml
家兔产气荚膜梭菌病 A 型灭活疫苗	兔产气荚膜梭菌(A 型)氢氧化铝灭活苗	预防家兔 A 型产气荚膜梭菌病。皮下注射。家兔不论大小,均为 2 ml
家兔多杀性巴氏杆菌病、支气管败血波氏菌感染二联灭活疫苗	家兔多杀性巴氏杆菌、支气管败血波氏菌二联油乳剂灭活苗	预防家兔多杀性巴氏杆菌和家兔支气管败血波氏菌感染。颈部肌内注射。成年兔,每只 1 ml。初次使用本品的兔场,首次免疫后 14 日用相同剂量再注射 1 次
兔病毒性出血症灭活疫苗	兔病毒性出血症氢氧化铝灭活苗	预防兔病毒性出血症。皮下注射。45 日龄以上兔,每只 1 ml
兔病毒性出血症、多杀性巴氏杆菌病二联干粉灭活疫苗	兔病毒性出血症和兔多杀性巴氏杆菌二联干粉苗	预防兔病毒性出血症和兔多杀性巴氏杆菌病。肌内或皮下注射。成兔每只 1 ml,45 日龄左右仔兔每只 0.5 ml

5.5.5　牛、羊常用弱毒疫苗的种类、性状及使用说明

产品名称	性状	使用说明
Ⅱ号炭疽芽孢苗	炭疽杆菌Ⅱ号弱毒冻干疫苗	预防大动物、绵羊、山羊和猪的炭疽病。皮内注射。山羊每只 0.2 ml;其他动物每只 0.2 ml 或皮下注射 1 ml
无荚膜炭疽芽孢苗	无荚膜炭疽杆菌弱毒冻干疫苗	预防马、牛、绵羊和猪的炭疽病。皮下注射。牛、马每只(头)1 岁以上 1 ml,1 岁以下 0.5 ml;绵羊、猪每只(头)0.5 ml

产品名称	性状	使用说明
布氏杆菌病活疫苗（Ⅰ）	羊种布氏杆菌 M5 株或 M5-90 株弱毒冻干活疫苗	预防牛、羊布氏杆菌病。可采用皮下注射、滴鼻免疫，也可采用口服免疫。牛皮下注射 250 亿个活菌，山羊和绵羊皮下注射 10 亿个活菌，滴鼻 10 亿个活菌，口服 250 亿个活菌
布氏杆菌病活疫苗（Ⅱ）	猪种布氏杆菌 S2 株弱毒冻干疫苗	预防绵羊、山羊、猪和牛布氏杆菌病。适于口服免疫，也可作肌内注射。口服免疫：山羊和绵羊不论年龄大小，均为 100 亿个活菌；牛 500 亿个活菌；猪 200 亿个活菌，间隔 1 个月，再口服 1 次。注射免疫：皮下或肌内注射。山羊 25 亿个活菌；绵羊 50 亿个活菌；猪 200 亿个活菌，间隔 1 个月，再注射 1 次
布氏杆菌病活疫苗（Ⅲ）	牛种布氏杆菌 A19 株弱毒疫苗	预防牛和绵羊布氏杆菌病。皮下注射。牛可用 600 亿～800 亿个活菌的标准剂量，也可用 3 亿～10 亿个活菌的减低剂量。牛在 3～8 月龄时注射 1 次，必要时在 18～20 月龄再注射 1 次，以后可根据牛群布氏杆菌病流行情况，决定是否再注射。绵羊在每年配种前 1～2 个月用 300 亿～400 亿个活菌的剂量注射 1 次
伪狂犬病活疫苗	伪狂犬病毒弱毒冻干疫苗	预防猪、牛、绵羊伪狂犬病。肌内注射。妊娠母猪及成年猪 2 ml；3 月龄以上仔猪及架子猪 1 ml；乳猪第 1 次 0.5 ml，断乳后再注射 1 ml。1 岁以上牛 3 ml；5～12 月龄牛 2 ml；2～4 月龄犊牛第 1 次 1 ml，断奶后再注射 2 ml。4 月龄以上绵羊 1 ml
沙门菌马流产活疫苗	马流产沙门菌 C39 弱毒株冻干活疫苗	预防沙门菌引起的马流产。颈部皮下注射。成年马 2 ml，含活菌 50 亿，于每年 8～9 月份母马配种结束后注射。幼驹于出生后 1 个月注射，剂量减半。幼驹离乳后，需再注射 1 次
羊败血性链球菌病活疫苗	羊源兽疫链球菌弱毒冻干活疫苗	预防羊败血性链球菌病。尾根皮下（不得在其他部位）注射。6 月龄以上的羊，每只 1 ml
绵羊大肠埃希菌病活疫苗	大肠埃希菌弱毒冻干活疫苗	预防绵羊大肠埃希杆菌病。皮下注射或气雾免疫。每只羊皮下注射 1 头份（含 10 万个活菌）；室内气雾免疫，每只羊用 10 个注射剂量（含 10 万个活菌）；露天气雾免疫，每只羊用 3000 个注射剂量（含 3 亿个活菌）
绵羊痘活疫苗	绵羊痘鸡胚化弱毒冻干活疫苗	预防绵羊痘。尾内侧或股内侧皮内注射。不论羊只大小，每只 0.5 ml。3 月龄以内的哺乳羔羊，在断乳后应加强免疫 1 次
山羊痘活疫苗	山羊痘弱毒冻干活疫苗	预防山羊痘和绵羊痘。尾根内侧或股内侧皮内注射。按瓶签注明头份，用生理盐水稀释为每头份 0.5 ml，不论羊只大小，每只 0.5 ml
羊传染性脓疱皮炎活疫苗	羊传染性脓疱皮炎 hCE 或 GO-BT 弱毒样冻干活疫苗	预防绵羊、山羊传染性脓疱皮炎。hCE 冻干苗在下唇黏膜划痕接种；GO-BT 冻干苗在口唇黏膜内注射。本品适用于各种年龄的绵羊和山羊，剂量均为 0.2 ml

5.5.6　禽常用弱毒疫苗的种类、性状及使用说明

产品名称	性状	使用说明
禽多杀性巴氏杆菌病活疫苗	禽多杀性巴氏杆菌 G190E 40株弱毒冻干活疫苗	预防3月龄以上的鸡、鸭、鹅多杀性巴氏杆菌病。肌内注射。用20%氢氧化铝胶生理盐水稀释为每羽份0.5 ml,每羽0.5 ml
鸡马立克病活疫苗	鸡马立克病自然低毒力弱毒冻干活疫苗	预防鸡马立克病。肌内或皮下注射。每羽0.2 ml(含2000 PFU)
鸡马立克病火鸡疱疹病毒活疫苗	火鸡疱疹病毒 FC126 株冻干弱毒疫苗	预防鸡马立克病。肌内或皮下注射。每羽0.2 ml(含2000 PFU)
鸡马立克病双价活疫苗	鸡马立克病Ⅱ型(24)、Ⅲ型(FC126)冻干弱毒疫苗	预防鸡马立克病。皮下或肌内注射。每只雏鸡0.2 ml(含1500 PFU)
新城疫低毒力活疫苗	新城疫病毒低毒力 hB_1 株、F株、La Sota 株、Ca Sota-Clone 30 或 N_{79} 株弱毒冻干活疫苗	预防新城疫。滴鼻、点眼、饮水或气雾免疫均可。滴鼻或点眼免疫,每只0.5 ml;饮水或喷雾免疫,剂量加倍
鸡传染性支气管炎活疫苗	鸡传染性支气管炎 h120、h52 弱毒冻干活疫苗	预防鸡传染性支气管炎。滴鼻或饮水免疫。h120用于初生雏鸡。雏鸡用h120疫苗免疫后,至1~2月龄时,须用h52疫苗进行加强免疫。h52专供1月龄以上的鸡应用。滴鼻免疫,每只鸡滴鼻1滴(约0.03 ml)。饮水免疫,剂量加倍
新城疫、鸡传染性支气管炎二联活疫苗	新城疫、鸡传染性支气管炎弱毒二联冻干活疫苗	预防新城疫和鸡传染性支气管炎。滴鼻或饮水免疫。每只鸡滴鼻1滴(0.03 ml)。饮水免疫,剂量加倍
新城疫、鸡传染性支气管炎和鸡痘三联活疫苗	新城疫、鸡传染性支气管炎和鸡痘弱毒三联冻干活疫苗	预防新城疫、鸡传染性支气管炎和鸡痘。翅膀皮下注射或点眼加翅膀内侧刺种免疫。适用于7日龄以上的健康雏鸡。将疫苗按所含组织克数用生理盐水作100倍稀释,在翅膀皮下无血管处注射0.1 ml;也可每只雏鸡点眼2滴,并在翅膀内侧无血管处刺种2针
鸡传染性喉气管炎活疫苗	鸡传染性喉气管炎弱毒冻干活疫苗	预防鸡传染性喉气管炎。点眼免疫。点眼1滴(0.03 ml),蛋鸡在35日龄接种第1次,在产蛋前再接种1次
鸡传染性法氏囊病中等毒力活疫苗(Ⅰ)	鸡传染性法氏囊病中等毒力B87株冻干活疫苗	预防雏鸡传染性法氏囊病。采用点眼、口服和注射途径接种。依照母源抗体水平,宜在14~28日龄时使用
鸡传染性法氏囊病中等毒力活疫苗(Ⅱ)	鸡传染性法氏囊病中等毒力BJ836、J87或K85株冻干活疫苗	预防雏鸡传染性法氏囊病。点眼或饮水口服免疫。点眼、口服接种剂量,每羽份鸡胚苗应不低于 $1000\ ELD_{50}$;细胞苗应不低于 $5000\ TCID_{50}$;饮水免疫,剂量应加倍
鸡痘活疫苗(Ⅰ)	鸡痘鹌鹑化弱毒冻干疫苗	预防鸡痘。翅膀内侧无血管处皮下刺种

续表

产品名称	性状	使用说明
鸡痘活疫苗（Ⅱ）	鸡豆汕系弱毒株冻干活疫苗	预防鸡痘。翅膀内侧无血管处或肩部无毛处刺种
鸭瘟活疫苗	鸭瘟鸡胚化弱毒冻干活疫苗	预防鸭瘟。肌内注射。成鸭 1 ml，雏鸭腿肌注射 0.25 ml，均含 1 羽份
雏番鸭细小病毒病活疫苗	番鸭细小病毒弱毒P1株冻干活疫苗	预防雏番鸭细小病毒病。腿部肌内注射。每只雏鸭 0.2 ml
小鹅瘟活疫苗（Ⅰ）	小鹅瘟鸭胚化弱毒 GD 株冻干活疫苗	供产蛋前的母鹅注射。母鹅产蛋前 20～30 日，每只 1 ml
小鹅瘟活疫苗（Ⅱ）	小鹅瘟弱毒株SYG26～35（种鹅）与 SYG41～50（雏鹅）冻干活疫苗	预防雏鹅小鹅瘟。肌内或皮下注射。种鹅用活疫苗，适用于种鹅的主动免疫，可使雏鹅获得被动免疫力。雏鹅用活疫苗，适用于未经免疫的种鹅所产雏鹅
鸡毒支原体活疫苗	鸡毒支原体弱毒冻干疫苗	预防鸡毒支原体引起的慢性呼吸道疾病。8～60 日龄时使用为佳，点眼接种

5.5.7　猪常用弱毒疫苗的种类、性状及使用说明

产品名称	性状	使用说明
仔猪副伤寒活疫苗	猪霍乱沙门菌弱毒冻干活疫苗	预防仔猪副伤寒。口服法，每头 5～10 ml；注射法，每头 1 ml
仔猪大肠埃希菌病K88、LTB 双价基因工程活疫苗	大肠埃希菌 K88、LTB 抗原的基因重组冻干活疫苗	预防大肠埃希菌引起的新生仔猪腹泻。肌内注射或口服。口服免疫，每头 500 亿个活菌，在母猪产前 15～25 日进行；肌内注射，在产前 10～20 日进行，每头 100 亿个活菌
猪丹毒活疫苗	猪丹毒杆菌GC42或G4T10株弱毒冻干活疫苗	预防猪丹毒。皮下注射（GC42疫苗也可用于口服），每头猪 1 ml。GC42株疫苗口服时，剂量加倍
猪多杀性巴氏杆菌病活疫苗（口服）	猪多杀性巴氏杆菌 679～230 弱毒株（或EO630弱毒株、C20弱毒株）	预防猪多杀性巴氏杆菌病。口服免疫。按瓶签注明头份，用冷开水稀释疫苗，混于少量饲料内服用，每头猪 1 头份
猪多杀性巴氏杆菌病活疫苗（注射）	猪多杀性巴氏杆菌 TA53 弱毒株（或 CA 弱毒株）冻干活疫苗	预防猪多杀性巴氏杆菌病。肌内或皮下注射。每头断奶后的猪 1 ml（含 1 头份）
猪败血性链球菌病活疫苗	猪源兽疫链球菌弱毒冻干活疫苗	预防由兰氏 C 群兽疫链球菌引起的猪败血性链球菌病。皮下注射或口服。每头注射 1 ml，或口服 4 ml
猪支原体活疫苗	猪肺炎支原体兔化弱毒冻干活疫苗	预防猪支原体肺炎。右胸腔内注射，肩胛骨后缘 1～2 寸处两肋间进针。按瓶签标明头份，每头份用 5 ml 无菌生理盐水稀释，每头 5 ml
猪瘟活疫苗	猪瘟兔化弱毒冻干活疫苗	预防猪瘟。肌内或皮下注射。按免疫程序每头猪注射 1 ml（1 头份）。断奶前仔猪可接种 4 头份

产品名称	性状	使用说明
猪瘟活疫苗	猪瘟兔化弱毒细胞培养疫苗	预防猪瘟。使用方法同上
猪瘟、猪丹毒、猪多杀性巴氏杆菌病三联活疫苗	猪瘟、猪丹毒、猪多杀性巴氏杆菌三联弱毒冻干活疫苗	预防猪瘟、猪丹毒和猪肺疫。肌内注射。不论猪的大小,每头 1 ml。断奶半个月以前仔猪可以注射,但需在断奶 2 个月左右再次注射 1 次

5.5.8　犬、兔常用弱毒疫苗的种类、性状及使用说明

产品名称	性状	使用说明
犬狂犬病、犬瘟热、犬副流感、犬腺病毒和犬细小病毒五联活疫苗	犬狂犬病、犬瘟热、犬副流感、犬腺病毒和犬细小病毒弱毒冻干活疫苗	预防犬狂犬病、犬瘟热、犬副流感、犬腺病毒病与犬细小病毒病。肌内注射。断奶幼犬以 21 日的间隔,连续免疫 3 次,每次 2 ml,成犬每年免疫 2 次,间隔 21 日,每次 2 ml
家兔多杀性巴氏杆菌病活疫苗	多杀性巴氏杆菌弱毒冻干活疫苗	预防家兔多杀性巴氏杆菌病。股内侧皮下注射。每只 0.2 ml

5.5.9　畜禽常用抗血清的种类、性状及使用说明

产品名称	性状	使用说明
抗气肿疽血清	气肿疽梭菌培养物经灭活脱毒后,制成免疫原,接种动物,制备抗血清	预防和治疗牛气肿疽。用于预防,可皮下注射血清 15～20 ml,经 14～20 日再皮下注射气肿疽灭活疫苗 5 ml。治疗时,静脉、腹腔或肌内注射血清 150～200 ml,病重者可以相同剂量进行第 2 次注射
抗炭疽血清	以炭疽弱毒芽孢接种动物,制备抗血清	治疗或预防各种动物的炭疽。皮下注射。用于治疗时作静脉注射,可增量或重复注射。预防剂量:马、牛 30～40 ml,猪、羊 16～20 ml;治疗剂量:马、牛 100～200 ml,猪羊 50～100 ml
抗羔羊疾病血清	以 B 型产气荚膜梭菌的类毒素、毒素和强毒菌液,分别多次接种动物后制备	预防及早期治疗由产气荚膜梭菌引起的羔羊疾病。在羔羊痢疾流行地区,1～5 日龄羔羊皮下或肌内注射血清 1 ml。对已患病的病羔,静脉或肌内注射血清 3～5 ml,必要时于 4～5 h 后再重复注射 1 次
抗猪、牛多杀性巴氏杆菌病血清	以荚膜 B 群多杀性巴氏杆菌多次接种动物后制备	预防及治疗猪、牛多杀性巴氏杆菌病。皮下注射。预防剂量:2 月龄以内仔猪、2～5 日龄猪、5～10 日龄猪、小牛及大牛分别为 10～20 ml、20～30 ml、30～40 ml、10～20 ml 及 30～50 ml。治疗剂量:上述的各种动物分别为 20～40 ml、40～60 ml、60～80 ml、20～40 ml 及 60～100 ml

续表

产品名称	性状	使用说明
抗猪瘟血清	用猪瘟活疫苗作基础免疫,再用猪瘟强毒作强化免疫后制备	预防及治疗猪瘟。预防剂量:20 kg 以下的猪皮下或肌内注射 15～20 ml;20 kg 以上的猪每千克体重注射 1 ml。治疗剂量应在预防剂量的基础上加倍,必要时可以重复注射 1 次
破伤风抗毒素	经基础免疫后,用产毒能力强的破伤风梭菌制成免疫原进行高度免疫后制备	预防及治疗家畜破伤风。皮下、肌内或静脉注射。预防剂量:3 岁以上大动物、3 岁以下大动物及羊、猪、犬分别为 6000～12000 IU、3000～6000 IU 及 1200～3000 IU。治疗剂量:上述 3 种动物分别为 60000～300000 IU、50000～100000 IU 及 5000～20000 IU
抗猪丹毒血清	以 Ⅰ 型和 Ⅱ 型猪丹毒杆菌制成免疫原,高度免疫动物后制备	预防及治疗猪丹毒。肌内注射。预防剂量:仔猪、50 kg 以下猪、50 kg 以上猪分别为 3～5 ml、5～10 ml 及 10～20 ml。治疗剂量:上述 3 种猪分别为 5～10 ml、30～50 ml 及 50～80 ml
抗小鹅瘟血清	用小鹅瘟活疫苗作基础免疫后,再用小鹅瘟强毒作强化免疫后制备	预防及治疗小鹅瘟。1 日龄雏鹅每只皮下注射 0.5 ml;治疗量应加倍,重症病例于次日重复注射 1 次

第6章　畜禽投药方法

治疗畜禽疾病的一些药物需经口投服。如病畜尚有食欲、药量少且无特殊气味，可将药物混入饲料或饮水中，使病畜自然采食。但药物大多味苦，且有特殊气味，病畜常不自愿采食，尤其是危重病畜，饮、食欲废绝，故必须采用适宜的方法投服。

6.1　灌角及药瓶投药法

（1）应用　灌角及药瓶投药法是将药物的水溶液或调成稀粥样的药液以及中草药的煎剂等装入灌角或药瓶等灌药器内经口投服。各种动物均可应用此方法。

（2）用具　灌角、竹筒、橡皮瓶、长颈酒瓶等。

（3）方法　对牛进行灌药多用橡皮瓶或长颈酒瓶，或以竹筒代替。一人牵住牛绳，抬高牛头，或紧拉鼻环、握住鼻中隔使牛头抬起，必要时使用牛鼻钳进行保定。操作人员左手从牛的一侧口角插入，打开口腔并轻压舌头，右手持盛满药液的药瓶自另一侧口角伸入并送向舌背部；抬高药瓶后部并轻轻振抖，轻压橡皮瓶，使药液流出。

对猪进行灌药时，较小的猪灌服少量药液时可用药匙（或汤匙）或注射器（不接针头）；较大的猪灌服大量药液时，可用胃管投入，也很方便、安全。灌药时一人抓住猪的两耳，把猪头略向上提，使猪的口角与眼角连线近水平，并用两腿夹住猪背腰部。另一人用左手持木棒把猪嘴撬开，右手用汤匙或其他灌药器从舌侧面靠颊部倒入药液，待其咽下后，再灌第二匙，如含药不咽，可摇动口里的木棒，刺激其咽下。

6.2　片剂、丸剂及舔剂投药法

（1）应用　片状、丸状或粉末状的药物以及中药的饮片或粉末，尤其是苦味健胃剂，常用面粉、糠麸等赋形药制成糊剂或舔剂，经口投服，以加强健胃的效果。

（2）用具　舔剂一般可用光滑的木板或竹片投服；丸剂和片剂可徒手投服，必要时用特制的丸剂投药器，如投药枪。

（3）方法　动物一般站立保定。对牛和马，术者用一只手从一侧口角伸入，打开口腔，对猪则用木棍撬开口腔；另一只手持药片、药丸或用竹片刮取舔剂，从另一侧口角送入其舌背部。取出木棒，动物的口腔自然闭合，药物即可咽下。如有丸剂投药器，则事先将药丸装入投药器内。术者持投药器自患病动物一侧口角伸入并送向舌根部，迅即将药丸打（推）出；抽出投药器，待其自行咽下。必要时投药后灌饮少量的水。

6.3　胃管投药法

（1）应用　当水剂药量较多，药品带有特殊气味，经口不易灌服时，一般都需用胃管经鼻道或口腔投服。此外，胃导管也可用于食道探诊（探查其是否畅通）、瘤胃排气、抽取胃液或排出胃内容物及洗胃，有时用于人工喂饲。

（2）用具　用具主要有软硬适宜的橡皮管或塑料管，根据动物种类不同选用相应的口径及长度；用具还有特制的胃管，其末端闭塞而于近末端的侧方设有数个开口，更为适宜。

（3）方法　牛可经口或鼻插入胃管。经口插入时，先将牛进行必要的保定，并给牛戴上木质开口器，固定好头部。将胃管涂润滑油后，自开口器的孔内送入，尖端到达咽部时，牛将自然咽下。确定胃管插入食管无误后，接上漏斗即可灌药。灌完后慢慢抽出胃管，并解下开口器。

猪也可经口插入胃管。先将猪进行保定，视情况而采取直立、侧卧或站立方式，一般多用侧卧保定。用开口器将口打开（无开口器时，可用一根木棒，在木棒中央钻一个孔），然后将胃管沿孔向咽部插入。当胃管前端插至咽部时，轻轻来回抽动胃管，引起吞咽动作，并随吞咽插入食道。判定胃管确实插入食道后，接上漏斗即可灌药。灌完药后慢慢抽出胃管，并解下开口器。

使用胃管前要仔细洗净、消毒；涂以润滑油或水，使管壁润滑；插入、抽动时不宜粗暴，要小心、徐缓，动作要轻柔。有明显呼吸困难的病畜不宜用胃管；有咽炎的病畜更应禁用。确实证明插入食道深部或胃内后再灌药；如灌药后引起咳嗽、气喘，应立即停灌；如中途因动物骚动而使胃管移动、脱出，也应停灌，待重新插入并确定无误后再行灌药。

经鼻插入胃管可因管壁干燥或强烈抽动，损伤鼻、咽黏膜，引起鼻、咽黏膜肿胀、发炎等，导致鼻出血（尤其以马多见），应引起高度注意。如少量出血，不久可自行停止；出血很多时，可将动物的头部适当抬高或吊起，并进行鼻部冷敷，或用大块纱布、药棉堵塞一侧鼻腔；必要时配合应用止血剂、补液乃至输血。

药物误入动物呼吸道后，动物表现为突然出现骚动不安，频繁的咳嗽，并随咳嗽而有药液从口、鼻喷出；呼吸加快，呼吸困难，鼻翼开张或张口呼吸；继则可见肌肉震颤，大出汗，黏膜发绀，心跳加快、加强；数小时后体温可升高，肺部出现啰音，并进一步呈异物性肺炎的症状。当灌入大量药液时，可造成动物窒息或迅速死亡。在灌药过程中，应密切注意动物的表现，若发现异常，则应立即终止；迅速降低动物头部，促进其咳嗽，呛出药物；应用强心剂或给以少量阿托品，以兴奋呼吸；同时应大量注射抗生素，防止继发肺部感染；如经数小时后，症状减轻，则应按疗程规定继续用药，直至恢复。

6.4 饲料、饮水及气雾给药法

6.4.1 饲料给药

（1）应用 这是现代集约化养殖业中最常用的一种给药途径，即将药物均匀地拌入饲料中，让畜禽采食的同时吃进药物。该法简便易行，节省人力，减少应激，效果可靠，主要适用于预防性用药，尤其适应于长期给药。但对于病重的畜禽，当其食欲下降时，不宜应用该方法。

（2）方法 为了保证药物混合均匀，通常采用分级混合法，即把全部用量的药物加到少量饲料中，待充分混合后，加到一定量饲料中，再充分混匀，然后拌入计算所需的全部饲料中。大批量饲料拌药更需多次逐步分级扩充，以达到充分混匀的目的。切忌把全部药量一次加入所需饲料中，简单混合法会造成部分畜禽药物中毒而大部分畜禽吃不到药物，达不到防止疾病的目的或贻误病情。

（3）注意事项 在应用这种方法时，通常应准确掌握其拌料浓度，按照拌料给药标准准确、认真地计算所用药物剂量；若按畜禽每千克体重给药，则应严格按照个体体重，计算出畜禽群体体重，再按照要求把药物拌进料内。应特别注意拌料用药标准与饲喂次数一致，以免造成药量过小起不到作用或药量过大引起畜禽中毒的现象发生。确保用药混合均匀，在药物与饲料混合时，必须搅拌均匀，尤其是一些安全范围较小的药物，以及用量较少的药物，如呋喃唑酮，一定要均匀混合。同时，还要密切注意药物的不良作用，有些药物混入饲料后，可与饲料中的某些成分发生拮抗作用。这时应密切注意不良作用，尽量减少拌药后不良反应的发生，如饲料中长期混合磺胺药物，就容易引起鸡维生素缺乏，此时就应适当补充这些维生素。

6.4.2 饮水给药

（1）应用 饮水给药也是比较常用的给药方法之一，它是指将药物溶解到畜禽的饮水中，让畜禽在饮水时饮入药物，从而发挥药理效应。这种方法常用于预防和治疗疾病，尤其在畜禽发病导致食欲降低而仍能饮水的情况下更为适用，但所用的药物应是水溶性的。一般来说，饮水给药主要适用于容易溶解在水中的药物，对于一些不易溶解的药物，可以采用适当的加热、加助溶剂或及时搅拌的方法，促进药物溶解，以达到饮水给药的目的。

（2）方法 一般在寒冷季节及气温较高季节让畜禽停饮，然后换上加有药物的饮水，使畜禽在一定时间内充分喝到药水。准确、认真、按量给水是为了保证全群内绝大部分个体在一定时间内都能喝到一定量的药水,避免因剩水过多造成个体药物剂量不够,或加水不够、饮水不均,使某些个体缺水,而有些个体饮水过多。因此,应该严格掌握畜禽的一次饮水量,再计算全群饮水量,用一定系数加权重,确定全群给水量,然后按照药物浓度,准确计算用药剂量,把所需药物加到饮水中以保证效果。

(3)注意事项　除注意拌药给药的一些事项外,还应注意:对于一些在水中不容易被破坏的药物,可以加入饮水中,让畜禽长时间自由饮用;而对于一些容易被破坏或失效的药物,应要求畜禽在一定时间内饮入定量的药物,以保证药效。为达到目的,多在用药前,让畜禽群停止饮水一段时间。因饮水量与畜禽的品种,畜禽舍内的温度、湿度,饮料性质,饲养方法等因素密切相关,故畜禽群体不同时期的饮水量不尽相同。

6.4.3　气雾给药

(1)应用　气雾给药是指使用能使药物雾化的器械,将药物分散成一定直径的微粒,弥散到空间中,让畜禽通过呼吸作用吸入体内或作用于畜禽皮肤、黏膜及羽毛的一种给药方法。该方法也可用于畜禽群消毒。

(2)方法和注意事项　使用这种方法时,药物吸收快,作用迅速,节省人力,尤其适用于现代化大型养殖场,但需要一定的气雾设备,且畜禽舍门窗应能密闭。同时,使用药物时,不应使用有刺激性药物,以免引起畜禽呼吸道发炎。

一般来讲,应用气雾给药时应注意:

①恰当选择气雾用药。充分发挥药物效能是为了充分利用气雾给药的优点,应该恰当选择所用药物。并不是所有的药物都可通过气雾途径给药,可应用于气雾途径的药物应无刺激性,容易溶解于水。对于有刺激的药物,不应通过气雾给药。同时,还应根据用药目的不同,选用吸湿性不同的药物。要想使药物作用于肺部,应选用吸湿性较差的药物;而欲使药物作用于呼吸道,就应选择吸湿性较强的药物。

②准确掌握气雾剂量。为确保气雾给药的效果,在应用气雾给药时,不要随意改变拌料或饮水给药浓度。为了确保用药效果,在使用气雾给药前,应按照畜禽舍空间情况和气雾设备要求,准确计算用药剂量,以免过大或过小而造成不应有的损失。

③严格控制雾粒大小。在气雾给药时,雾粒的直径大小与用药效果有直接关系。气雾微粒越小,越容易进入肺泡内,但与肺泡表面的黏着力小,容易随呼气排出,影响药效。而气雾微粒过大,则不易进入肺泡内,容易落在空间或停留在动物的上呼吸道黏膜,也不能产生良好的用药效果;同时,微粒过大还容易引起畜禽的上呼吸道炎症。

此外,还应根据用药目的,适当调节气雾微粒直径。如要使药物达到肺部,就应使用雾粒直径较小的雾化器。反之,要使药物主要作用于上呼吸道,就应选用雾粒直径较大的雾化器。

6.5 犬、猫灌肠术

根据灌肠目的不同,灌肠法可分为浅部灌肠法和深部灌肠法两种。

6.5.1 浅部灌肠法

(1)临床意义 浅部灌肠法是将药液灌入直肠内。常在宠物有采食障碍或咽下困难、食欲废绝时,用浅部灌肠法进行人工营养;有直肠或结肠炎症时,用该方法灌入消炎剂;病犬、猫兴奋不安时,用该方法灌入镇静剂;该方法也可在排除直肠内积粪时使用。

(2)冲洗液 浅部灌肠用的药液量为每次 30～50 ml。灌肠溶液根据用途而定,一般用 1%温盐水、林格尔液、甘油、0.1%高锰酸钾溶液、2%硼酸溶液、葡萄糖溶液等。

(3)操作 灌肠时,将动物站立保定好,助手把尾拉向一侧,术者一手提盛有药液的药瓶,另一手将导管徐徐插入肛门 5～10 cm,连接抽满药液的大号注射器,将药液注入直肠内。灌肠后使动物保持安静,以免引起排粪动作而将药液排出。对以人工营养、消炎和镇静为目的的灌肠,在灌肠前应先把直肠内的宿粪取出。

6.5.2 深部灌肠法

(1)临床意义 此法适用于治疗肠套叠、结肠便秘、排出胃内毒物和异物。

(2)操作 对动物施以站立或侧卧保定,并呈前低后高姿势,助手把尾拉向一侧,术者将导管徐徐插入肛门 8～10 cm,连接大号注射器,将药液注入直肠内。先灌入少量药液以软化直肠内积粪,待排净积粪后再灌入大量药液。灌入量根据动物个体大小而定,一般幼犬为 80～100 ml,成年犬为 100～500 ml,药液温度以 35 ℃为宜。

(3)注意事项。

①直肠内存有宿粪时,按直肠检查要领取出宿粪,再进行灌肠。

②避免粗暴操作,以免损伤肠黏膜或造成肠穿孔。

③溶液注入后,由于排泄反射,易被排出,应用手压迫尾根和肛门;或在注入溶液的同时,用手指刺激肛门周围;也可通过按摩腹部减少排出。

第7章 注射技术

7.1 注射用具及选择

注射法是将药物直接注入动物体内,可避免胃肠内容物的影响,能迅速发生药效。此法药量准确,用药量少。注射时需要注射器及注射针头。兽用注射器有玻璃制、塑钢制和金属制注射器;大量输液时,则有容量较大的输液瓶(玻璃制或塑料制)、输液筒等;此外,还有连续注射器、注射枪、微量输液调节器等。

(1)注射器分类。

①兽用金属注射器。该注射器主要用于动物的皮下、肌内注射,也可供少量药液静脉推注。使用时先将玻璃管置于套筒内,插入活塞,拧紧套筒玻璃管固定螺丝,旋转活塞调节手柄至适当松紧度,即可使用。塑钢制兽用注射器的应用范围与此相似。

②玻璃注射器。该注射器的构造比较简单,由针筒和活塞部分组成。通常针筒和活塞的后端有数字号码,同一注射器针筒和活塞的号码应相同,否则不能使用。玻璃注射器有各种规格容量以及偏头、中头之分,用时将活塞套入针筒。玻璃注射器多用于猪的耳静脉注射及实验动物的注射。

③塑料注射器(一次性注射器)。塑料注射器的筒体及活动抽吸杆用聚乙烯(PET)制造而成,可以耐受150 ℃以上高温,但要注意活塞的密封情况。由于塑料注射器具有防止交叉感染和易操作等优点,现已成为临床上应用最广泛的注射器。此种注射器规格也较全,能适用于不同的注射目的和注射对象。

④连续注射器。其结构类似于金属注射器,不同之处在于手柄内有一个弹簧装置,每注射一次,手柄可自动复位,并同时吸入药液至玻璃管内,故可作连续注射用。使用时,先将药液和注射器手柄用橡胶管连接,将注射器手柄连续压放数次,药液即可注满玻璃管,然后连接针头,即可连续注射。该注射器主要用于疫苗注射。

(2)注射器使用的注意事项。

①针头选择要适宜。注射针头的型号较多,可根据用途选用。兽用一般以14号、16号针头供大家畜肌内注射和静脉注射,9号、11号针头供中、小家畜作肌内和皮下注射,5号、7号、9号供中、小家畜静脉注射。由于同种动物个体大小差异甚大,注射时深度也各有差异,因此,应视具体情况选用。同时,应检查针头与基部的连接是否牢固,针筒与活塞是否严密,针头有无弯曲、折裂痕迹,是否锋利。

②所有注射用具于使用前必须清洗干净并进行消毒(煮沸或高温消毒)备用。使用后,应立即清洗、擦干,置于干燥处保存。

③注射前先将药液抽入注射器内,同时要认真检查药品的质量,有无变质、浑

浊和沉淀。在混合注射两种以上药液时,应注意有无配伍禁忌。

④抽完药液后,一定要排出注射器内的气泡。

⑤注射时,必须严格执行无菌操作规程。

7.2　注射方法

7.2.1　皮内注射法

(1)应用　皮内注射法主要用于某些变态反应诊断(如牛的结核菌素皮内反应)或做药物过敏试验等。

(2)用具　通常用结核菌素注射器或小注射器、短针头。

(3)部位　多在颈侧中部。

(4)方法　按常规消毒后,先用左手拇指与食指将注射部位皮肤捏起,形成皱褶;右手持注射器,使之与皮肤呈 30°角,刺入皮内,注入规定量的药液即可。如推注药液时感到有一定阻力且注入药液后局部形成一小球状隆突,即为确实注入真皮层的标志。拔出注射针,将术部消毒,但应避免压挤局部。

7.2.2　皮下注射法

(1)应用　将药液注入皮下结缔组织内,经毛细血管、淋巴管吸收而进入血液循环。因皮下有脂肪层,吸收较慢,故一般药物起效较慢。

(2)用具　选用一般的注射器和 9 号针头。

(3)部位　应选皮肤较薄而皮下疏松的部位,大动物多在颈侧,猪在耳根后或股内,家禽在颈背部皮下,犬在颈部或背部皮下(图 7-1)。

(4)方法　动物实行必要的保定,在局部剪毛、消毒。术者用左手捏起局部的皮肤,使其成一皱褶;右手持连接针头的注射器,由皱褶的基部刺入,一般针头就可刺入(针头刺入皮下后可较自由地拔动,图 7-2);注入需要量的药液后,拔出针头,局部按常规消毒处理。

(5)注意事项　刺激性强的药品不能做皮下注射;药物注射剂量大时,可分点注射,注射后最好对注射部位进行轻度按摩或温敷。

图 7-1　皮下注射时常用的注射部位　　图 7-2　皮下注射时左右手的位置

7.2.3　肌内注射法

（1）应用　肌肉内血管丰富，药液吸收较快，一般刺激性较强、吸收较难的药剂（如水剂、乳剂、油剂的青霉素等）均可采用肌内注射法；多种疫苗的接种常做肌内注射。因肌肉组织致密，故仅能注入较小的剂量。

（2）用具　选择常规注射器具。

（3）部位　选肌肉层较厚并应避开大血管及神经干的部位。牛多在颈侧、臀部，猪在耳后、臀部或股内侧，禽类在胸肌、腿肌部（图 7-3）。

（4）方法　将畜禽保定好，注射部位按常规消毒处理。注射时遵循"二快一慢"的原则。术者左手固定于注射局部，右手持连接针头的注射器，与皮肤呈垂直的角度迅速刺入肌肉，改用左手持注射器，用右手推动活塞手柄，注入药液；注毕，拔出针头，局部进行消毒处理。为安全起见，对大家畜也可先用右手持注射针头，直接刺入局部，然后左手把住针头和注射器，右手推动活塞手柄注入药液。

（5）注意事项　为防止针头折断，刺入时应与皮肤呈垂直的角度并且用力的方向应与针头方向一致；注意不可将针头的全长完全刺入肌肉中，一般只刺入全长的一半即可，以防折断时难以拔出；对强刺激性药物不宜采用肌内注射法；注射针头如接触神经时，动物会骚动不安，应变换方向，再注射药液。

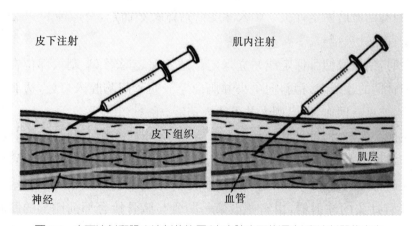

图 7-3　皮下注射和肌内注射的位置（自皮肤向下的深度）和注射器的方向

7.2.4　静脉注射法

（1）应用　药液被直接注入静脉后，随血液而分布全身，可迅速发生药效，当然其排泄也快，因而在体内的作用时间较短；静脉注射时能容纳大量的药液，并可耐受（被血液稀释）刺激性较强的药液（如氯化钙、水合氯醛等）。该注射法主要用于大量的补液和输血，注入急需起效的药物（如强心药），注射刺激性较强的药物等。

（2）用具　少量注射时可用较大的注射器,大量输液时则应用输液瓶和一次性输液胶管。

（3）静脉注射的部位及方法。

①牛、羊静脉注射。牛多在颈静脉注射,个别情况也可在耳静脉注射;羊多在颈静脉注射。牛的皮肤较厚,刺入时,应用力并突然刺入。其方法是:在局部剪毛、消毒,左手拇指压迫颈静脉的近心端,使颈静脉怒张,找准刺入部位;右手持针头瞄准该部位后,以腕力使针头近似垂直刺入皮肤及血管,见有血液流出后,调整针头方向顺入血管,连接注射器或输液胶管,即可注入药液。

②猪耳静脉注射。将猪站立或侧卧保定,对耳静脉局部做常规消毒。一人用手指捏压耳根部静脉或用胶带结扎耳根部（或用酒精棉球反复涂擦注射部位,双手揉搓耳部）,使静脉充盈、怒张;注射人员用左手把持猪耳,将其托平并使注射部位稍高,右手持连接针头的注射器,沿耳静脉刺入皮肤及血管内,同时轻轻抽活塞手柄,如见回血,即已刺入血管,将注射器放平并沿血管稍向前顺入;解除结扎胶带或撤去压迫静脉的手指,然后注射人员用左手拇指压住注射针头,右手徐徐推进药液,直到注完为止。

③前腔静腔注射法。该注射法可应用于大量的补液或采血。注射部位在第一肋骨与胸骨柄结合处的正前方。由于左侧靠近膈神经而易损伤,因此,多于右侧进行注射。针头刺入方向呈近似垂直并稍向体中线及胸腔方向,边刺入边抽吸针筒,直到有回血后固定针头。刺入深度依猪体大小而定,一般为 3～5 cm,依此而选用适宜的针头型号。

注射时,猪可取仰卧保定或站立保定。站立保定时,针头刺入部位在右侧由耳根至胸骨柄的连线上,稍斜向中央并刺向第一肋骨间胸腔入口处,边刺入边回抽注射器,如见有回血,即已刺入并可注入药液。

猪在仰卧保定时,可见其胸骨柄向前突出,并于两侧第一肋骨与胸骨接合处的前侧部各见一个明显的凹陷窝,用手指沿胸骨柄两侧触诊时更感明显,多在右侧凹陷处进行穿刺注射。对猪进行仰卧保定并固定其前肢及头部,局部消毒后,术者持接有针头的注射器,由右侧沿第一肋骨与胸骨接合部前侧部的凹陷处刺入,并稍偏斜刺向中央及胸腔方向,边刺边回抽注射器,见回血后即可徐徐注入药液;注完后拔出针头,局部按常规消毒处理。

④犬、猫静脉注射。犬多在后肢外侧面小隐静脉或前肢正中静脉注射,猫多在后肢内侧面大隐静脉注射。

a.后肢外侧面小隐静脉注射法。此静脉在后肢胫部下的外侧浅表皮下。助手将狗侧卧保定,在局部剪毛、消毒。用止血胶带结扎股部,或助手用手紧握股部,即可明显见到此静脉。右手持连接有胶管的针头,将针头向血管旁的皮下先刺入,然后与血管平行刺入静脉,接上注射器回抽。如见回血,将针尖顺血管腔再刺入少许,撤去静脉近心端的压迫,然后注射者一手固定针头,一手徐徐将药液注入静脉。

b.前肢正中静脉注射法。由于此静脉比后肢小隐静脉还粗一些,而且比较容易固定,因此,一般静脉注射或取血时常用此静脉。该注射法同前述的后肢小隐静脉注射法。

c.猫后肢内侧面大隐静脉注射法。此静脉在后肢膝部内侧浅表的皮下。助手将猫仰卧后固定,伸展后肢并向外拉直,暴露腹股沟,在腹股沟三角区附近,先用左手中指、食指探摸股动脉跳动部位,在其下方剪毛、消毒,然后右手取连有 6 号针头的注射器,将针头由跳动的股动脉下方直接刺入大隐静脉管内。该注射法同犬的后肢小隐静脉注射法。

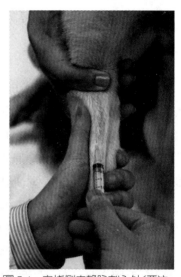

(4)静脉注射的注意事项。

①应严格遵守无菌操作规程,所有注射用具、注射局部均应严格消毒。

②要看清注射局部的脉管,明确注射部位,防止乱扎,以免造成局部血肿。

图 7-4　自桡侧皮静脉刺入针(要注意术者的左右手指的位置和配合)

③要注意检查针头是否通顺,当反复穿刺时,针头常被血凝块堵塞,应随时更换。

④针头刺入静脉后,要再顺入,并使之固定。

⑤注入药液前应排净注射器或输液胶管中的气泡。

7.2.5　腹腔注射法

(1)应用　腹膜腔能容纳大量药液并有较强的吸收能力,此法可作为大量补液的途径之一,常用于仔猪、犬及猫,牛、马等大动物也可应用此法。

(2)部位　猪、犬、猫宜在后腹部;牛在右侧肷窝部;马在左侧肷窝部。

(3)方法　以猪为例,提起两后肢作倒立保定,在局部剪毛、消毒。注射人员一手握猪的腹侧壁,另一手持连接针头的注射器(或仅取注射针头),于距耻骨前缘处的中线旁垂直刺入。注入药液后,拔出针头,做局部消毒处理。

(4)注意事项　腹腔注射时,要确定注射器的插入位置,避免将药物注射到腹腔内脏器官中;药物宜选择无刺激性的药液;如药液量较大时,则宜用等渗溶液,并将药液加温至与体温相似的温度。

7.2.6　反刍兽瘤胃穿刺注射法

当牛、羊发生瘤胃臌气时，可用此法注药。穿刺部位在左肷窝中央臌气最高处。先在局部剪毛，用碘酒涂擦消毒，手推皮肤使其稍向上移，然后将套管针或普通针头垂直地或朝右侧肘头方向刺入皮肤及瘤胃壁，缓缓地放出气体，随后，从套管针孔向瘤胃内注入止酵防腐药物。拔出套管针后，用碘酒涂擦穿刺孔消毒。

7.2.7　留置针

对于要连续输液数天的犬、猫，建议埋留置针。

（1）首先准备好输液所需器材及用品，包括电推刀、止血带、止血钳、酒精棉球、干棉球、留置针、透气胶布等。

（2）一般采取犬前臂静脉输液，由助理或犬主保定病犬，将进针部位的犬毛推干净，使皮肤裸露。根据所选的进针部位，在肘关节以上处扎止血带，并且保持松紧适宜，良好的静脉血管充盈度是保证一针见血的关键。然后做常规消毒，操作者左手保定犬腕关节处，并用拇指和食指轻轻捏紧血管或绷直血管，右手持留置针的针柄，在血管的正方或侧方以 $20°\sim30°$ 角刺入皮肤并缓缓刺入血管。见回血后，左手固定外套针，右手固定内套针并缓慢抽出内套针，快速旋紧肝素帽。然后右手接过外套针针头，并缓慢推进外套针软管，直到针管完全埋在血管内，松止血带。在针头处缠绕三圈透气胶布，使针头牢固、不易滑动，缠牢留置针，仅露出肝素帽帽头。确定留置针通畅后进行输液。待输液完毕后，封管。

（1）封管液用肝素钠稀释液。将准备好的封管液缓慢推入留置针内。

（2）输液完毕后，用弹性防水绷带缠牢留置针。下次输液时，解开弹性绷带，消毒肝素钠帽头。用注射器抽取 1 ml 生理盐水，快速推入留置针内，使其通畅，再进行输液。

附　录

附录1　常见药物配伍禁忌表

常用药物	与之有化学配伍禁忌的药物（不能放在同一输液中）											
	头孢拉定	头孢呋辛	氨曲南	卡那霉素	庆大霉素	丁卡	妥布霉素	红霉素	克林霉素	磷霉素钠	万古霉素	两性霉素B
青霉素钠	精氨酸	辅酶A	维生素B$_6$	胞磷胆碱	地西泮	氯丙嗪	西地兰	毒毛K	维生素C	甘露醇	垂体后叶	麦角新碱
	阿托品	异丙嗪	甲强龙	胰岛素	碳酸氢钠							
氨苄西林	卡那霉素	庆大霉素	丁卡	妥布霉素	红霉素	克林霉素	万古霉素	两性霉素B	胞磷胆碱	地西泮	氯丙嗪	西地兰
	毒毛K	精氨酸	辅酶A	维生素B$_6$	维生素C	酚妥拉明	异丙嗪	甲强龙	胰岛素	垂体后叶	麦角新碱	
哌拉西林钠	卡那霉素	万古霉素	氟康唑	氯丙嗪	异丙嗪	酚妥拉明	胰岛素	西索米星				
哌拉西林钠—三唑巴坦	卡那霉素	妥布霉素	万古霉素	两性霉素B	氯丙嗪	法莫替丁	异丙嗪	多巴胺	多巴酚丁胺	胰岛素	阿昔洛韦	更昔洛韦
	林格液											
阿莫西林钠—克拉维酸钾	妥布霉素	氯丙嗪	地西泮	毒毛K	维拉帕米	异丙嗪	亚叶酸钙	碳酸氢钠				
头孢呋辛	卡那霉素	庆大霉素	丁卡	妥布霉素	红霉素	磷霉素钠	万古霉素	环丙沙星	氟康唑	胞磷胆碱	氯丙嗪	多巴酚丁胺
	氯化钙	低右	垂体后叶									
头孢哌酮钠	卡那霉素	庆大霉素	丁卡	环丙沙星	硫酸镁	氨茶碱	氟康唑	西咪替丁	维生素B$_6$	维生素C	氯丙嗪	异丙嗪
	氢考	多巴酚丁胺	多巴胺	氯化钙	呋塞米							
头孢哌酮钠—舒巴坦	丁卡	庆大霉素	妥布霉素	环丙沙星	卡那霉素	地西泮	硫酸镁	西咪替丁	胃复安	异丙嗪	低右	胞磷胆碱
	碳酸氢钠	利多卡因	林格液									
头孢他啶	万古霉素	氟康唑	氯丙嗪	异丙嗪	氨茶碱	多巴胺	多巴酚丁胺					
头孢曲松钠	卡那霉素	庆大霉素	丁卡	妥布霉素	万古霉素	氟康唑	硫酸镁	氨茶碱	法莫替丁	林格液	氯化钙	葡萄糖酸钙

常用药物	与之有化学配伍禁忌的药物（不能放在同一输液中）											
头孢吡肟	万古霉素	氧氟沙星	环丙沙星	甲硝唑	氯丙嗪	硫酸镁	西咪替丁	法莫替丁	地西泮	甘露醇	胃复安	异丙嗪
	碳酸氢钠	阿昔洛韦	多巴胺	多巴酚丁胺								
丁卡	青霉素	氨苄西林	头孢呋辛	环丙沙星	两性霉素 B	氨茶碱	奥美拉唑	ATP	肝素	胰岛素	阿奇霉素	
克林霉素	氨苄西林	妥布霉素	红霉素	氯丙嗪	氨茶碱	奥美拉唑	谷氨酸钾	谷氨酸钠	异丙嗪	酚妥拉明	氢化可的松	
	酚妥拉明	氢化可的松	促皮质素	胰岛素	碳酸氢钠							
万古霉素	青霉素	氨苄西林	头孢他啶	红霉素	硫酸镁	氨茶碱	辅酶 A	ATP	维生素 C	能量合剂	异丙嗪	呋塞米
	新斯的明	止血敏	肝素	氢可	地米	甲强龙	氯化钙	碳酸氢钠				
氟康唑	氨苄西林	头孢呋辛	头孢他啶	法莫替丁	尿激酶	葡萄糖酸钙						
利巴韦林	氨茶碱	喘定										
亚胺培南	氨曲南	氟康唑	哌替啶	甘露醇	乳酸钠	碳酸氢钠						
美洛培南	苯唑西林	甲硝唑	两性霉素 B	地西泮	葡萄糖酸钙	阿昔洛韦						
盐酸洛美沙星	头孢哌酮钠	丁卡	氨茶碱	呋塞米	肝素钠	氢化可的松	硝酸甘油					
甲硝唑	氯丙嗪	氨茶碱	西咪替丁	异丙嗪	止血敏	肝素钠	甲强龙	碳酸氢钠				
胞磷胆碱	抗感染药物都不宜与之配伍		美西律	利血平	氨茶碱	甘露醇	异丙嗪	垂体后叶	甲强龙	葡萄糖酸钙	碘解磷定	甲氨蝶磷
去乙酰毛花苷	谷氨酸钙	甘露醇	新斯的明	肾上腺素	酚妥拉明	氢化可的松	地塞米松	氢化可的松	甲强龙	胰岛素	氯化钙	葡萄糖酸钙
毒毛 K	氨茶碱	奥美拉唑	辅酶 A	ATP	能量合剂	呋塞米	新斯的明	肾上腺素	肝素钠	氢化可的松	地塞米松	甲强龙
	葡萄糖酸钙	氯化钙	碳酸氢钠									
硫酸镁	头孢呋辛	头孢哌酮	万古霉素	氨茶碱	奥美拉唑	谷氨酸钠	新斯的明	肾上腺素	维生素 K_1	止血芳酸	氢化可的松	地塞米松
喘定	利巴韦林	利多卡因	法莫替丁									

续表

常用药物	与之有化学配伍禁忌的药物(不能放在同一输液中)											
西米替丁	甲硝唑	喘定	氨茶碱	氯丙嗪	ATP	速尿	多巴酚丁胺	氢化可的松	异丙嗪			
法莫替丁	头孢呋辛	氢化可的松	喘定	呋塞米	氟康唑	与其他药物的配伍缺少临床资料						
奥美拉唑	以单独用药为宜											
胃复安	以单独用药为宜											
辅酶A	氨茶碱	毒毛K	毛花苷	妥布霉素	万古霉素	红霉素						
ATP	卡那霉素	庆大霉素	丁卡	万古霉素	氯丙嗪	西咪替丁	氨茶碱	异丙嗪	氯化钙	葡萄糖酸钙	林格液	碳酸氢钠
维生素C	头孢他啶	头孢哌酮钠	头孢呋辛	两性霉素B	万古霉素	红霉素	速尿	青霉素	精氨酸	氨茶碱	肾上腺素	去甲肾上腺素
	维生素K₁	肝素钠	低右	胰岛素	乳酸钠	碳酸氢钠	新斯的明					
维生素B₆	青霉素	舒他西林	头孢哌酮钠	两性霉素B	红霉素	氨茶碱	速尿	甘露醇	654-2	甲强龙	地米	氢化可的松
	新斯的明	葡萄糖酸钙	碳酸氢钠									
速尿	头孢拉定	头孢呋辛	环丙沙星	万古霉素	红霉素	妥布霉素	丁卡	庆大霉素	卡那霉素	胃复安	西米替丁	法莫替丁
	维生素C	维生素B₆	氯丙嗪									
阿托品	间羟氨	多巴酚丁胺	碳酸氢钠	头孢拉定	氯丙嗪	两性霉素B	青霉素	肾上腺素	新斯的明	异丙嗪	胃复安	谷氨酸钠
	谷氨酸钾	氨茶碱										
多巴胺	抗感染药物都不宜与之配伍		酚妥拉明	新斯的明	速尿	胃复安	氯丙嗪	肝素钠	氢化可的松	胰岛素	碳酸氢钠	
多巴酚丁胺	抗感染药物都不宜与之配伍		阿托品	甘露醇	速尿	西米替丁	氨茶碱	氯丙嗪	肝素钠	氢化可的松	甲强龙	胰岛素
	氯化钾	维生素K₁	碳酸氢钠	硝普钠								
维生素K₁	低右	去甲肾上腺素	复方氨基酸	维生素C	青霉素	氨茶碱	两性霉素B	氧氟沙星	卡那霉素	庆大霉素	硫酸镁	

续表

常用药物	与之有化学配伍禁忌的药物（不能放在同一输液中）											
止血敏	新斯的明	甲硝唑	尿激酶	氯丙嗪	谷氨酸钾	辅酶A	异丙嗪	地塞米松	万古霉素	氨苄西林		
止血芳酸	呋塞米	硫酸镁	氢化可的松	甲强龙	新斯的明	异丙嗪	头孢哌酮钠					
低右	头孢呋辛	氧氟沙星	卡那霉素	庆大霉素	丁卡	妥布霉素	新斯的明	异丙嗪	维生素K$_1$	维生素C	氢化可的松	碳酸氢钠
肝素	丁卡	红霉素	庆大霉素	环丙沙星	甲硝唑	甲强龙	多巴酚丁胺	新斯的明	异丙嗪	维生素C	毒毛K	胺碘酮
硝酸甘油	奥美拉唑	多巴酚丁胺	洛美沙星	替硝唑	左氧氟沙星							
胰岛素	抗感染药物都不宜与之配伍		氯丙嗪	西地兰	速尿	地米	碳酸氢钠	氢化可的松	甲强龙	酚妥拉明	维生素C	
	异丙嗪	新斯的明	去甲肾上腺素	异丙肾上腺素	肾上腺素	多巴胺	多巴酚丁胺	氨茶碱				
垂体后叶	青霉素	头孢呋辛	头孢哌酮钠	卡那霉素	地塞米松	甲强龙	碳酸氢钠	肝素钠	氨甲环酸	新斯的明	肾上腺素	氨茶碱
	胞磷胆碱											
地米	头孢呋辛	庆大霉素	万古霉素	两性霉素B	盐酸氯丙嗪	西地兰	毒毛K	辅酶A	精氨酸	硫酸镁	苯唑西林	
	维生素B$_6$	呋塞米	异丙嗪	新斯的明	东莨菪碱	止血敏	鱼精蛋白	垂体后叶	氯化钙	葡萄糖酸钙	林格液	
氢化可的松	氨苄西林	头孢他啶	头孢拉定	氧氟沙星	万古霉素	克林霉素	庆大霉素	丁卡	妥布霉素	两性霉素B	低右	氨甲环酸
	止血芳酸	异丙嗪	氯丙嗪	能量合剂	谷氨酸钠	谷氨酸钾	多巴胺	去甲肾上腺素	毒毛K	西地兰	新斯的明	速尿
	西米替丁	葡萄糖酸钙	乳酸钠	胰岛素	碳酸氢钠	辅酶A	硫酸镁	氨茶碱				
甲强龙	青霉素	氨苄西林	甲硝唑	两性霉素B	万古霉素	氯化钾	氯化钙	葡萄糖酸钙	硫酸镁	氨茶碱	西地兰	毒毛K
	胞磷胆碱	异丙嗪	酚妥拉明	多巴酚丁胺	止血芳酸	速尿	甘露醇	胰岛素	氯丙嗪	维生素B$_6$	去甲肾上腺素	肝素钠
	尿激酶	垂体后叶										
生理盐水	甘露醇	能量合剂	两性霉素B	红霉素								
复方氯化钠	红霉素	头孢哌酮钠	头孢拉定	碳酸氢钠	能量合剂	甘露醇						

续表

常用药物	与之有化学配伍禁忌的药物(不能放在同一输液中)											
5%葡萄糖	氨苄西林	舒他西林	异戊巴比妥	普鲁卡因	硫喷妥钠	碳酸氢钠	呋塞米	不宜与青霉素配伍				
氯化钾	甲强龙	多巴酚丁胺	扑尔敏	地西泮	红霉素	阿奇霉素	新斯的明	异丙嗪	甘露醇	两性霉素B		
氯化钙	头孢呋辛	头孢拉定	头孢唑林钠	头孢哌酮钠	头孢曲松	头孢噻肟	头孢他啶	红霉素	妥布霉素	庆大霉素	新斯的明	硫酸镁
	毒毛K	西地兰	甲强龙	氢化可的松	地塞米松	扑尔敏	甘露醇	ATP	氨茶碱	维拉帕米	两性霉素B	环丙沙星
	碳酸氢钠	卡那霉素	万古霉素									
葡萄糖酸钙	ATP	维生素B₆	维生素C	胃复安	甲强龙	氢化可的松	地塞米松	新斯的明	甘露醇	能量合剂	硫酸镁	氨茶碱
	两性霉素B	氟康唑	红霉素	头孢哌酮钠	头孢唑林	青霉素	氨苄西林	头孢曲松	毒毛K	西地兰	胞磷胆碱	维拉帕米
乳酸林格液	头孢拉定	妥布霉素	新斯的明	扑尔敏	速尿	ATP	地塞米松	碳酸氢钠	甘露醇			
胺碘酮	氨茶碱	呋塞米	肝素钠	碳酸氢钠	头孢他啶	亚胺培南	哌拉西林					

附录2   常见畜禽——猪、鸡的剖检程序

猪的剖检程序

一、外部检查

检查四肢、眼结膜的颜色、皮肤等有无异常,下颌淋巴结是否有肿胀现象,肛门附近有无粪便污染等。例如,亚急性猪丹毒时,见到皮肤大小比较一致的方形、菱形或圆形疹块;急性猪瘟时,皮肤多有密集的或散在的出血点(或淤血点);口蹄疫时,四肢、口腔有水疱;猪疥螨病时,猪的皮肤粗糙,有皮屑,背毛脱落,皮肤潮红甚至出血有痂皮;猪链球菌病时,猪的皮肤有突起的脓包,切开脓包流出淡黄色液体;附红细胞体病时,眼结膜黄染。

二、固定、剖腹检查脏器

尸体取背卧位,一般先切断肩胛骨内侧和髋关节周围的肌肉(仅以部分皮肤与躯体相连),将四肢向外侧摊开,以保持尸体仰卧位置。从剑状软骨后方沿腹壁正中线由前向后至耻骨联合切开腹壁,再从剑状软骨沿左右两侧肋骨后缘切开至腰椎横突。这样,腹壁被切成大小相等的两楔形,将其向两侧分开,腹腔脏器即可全部露出。剖开腹腔时,应结合皮下检查,看皮下有无出血点、黄染等。在切开皮肤时,需要检查腹股沟浅淋巴结,看有无肿大、出血等异常现象。

三、腹腔器官的采出与检查

腹腔切开后,须先检查腹腔脏器的位置、有无异物等。腹腔器官的取出有两种方法。

(1)胃肠道全部取出。先将小肠移向左侧,以暴露直肠,在骨盆腔中单结扎。切断直肠,左手握住直肠断端,右手持刀,从向前腰背部分离割断肠系膜根部等各种联系,至膈时,在胃前单结扎,剪断食管,取出全部胃肠道。

(2)胃肠道分别取出。在回盲韧带(将结肠圆锥体向右拉,盲肠向左拉,即可看到回盲韧带)游离缘双结扎,剪断回肠,在十二指肠道双结扎,剪断十二指肠。左手握住回断端,右手持刀,逐渐切割肠系膜至十二指结扎点,取出空肠和回肠。先仔细分离十二指肠、胰与结肠的交叉联系,再从前向后分离割断肠系膜根部和其他联系,最后分离并单结扎剪断直肠;取出盲肠、结肠和直肠;取出十二指肠、胃和胰。

取出腹腔的各器官后要逐一地仔细检查,可按脾、肠、胃、肝、肾的次序检查。脾:注意脾的大小、重量、颜色、质地、表面和切面的状况。如败血性炭疽时,脾可

能高度肿大、色黑红、柔软;急性猪瘟时,脾发出血性梗死。肠:检查肠壁的薄厚,黏膜有无脱落、出血,肠淋巴结有无肿胀等。患猪副伤寒的猪肠黏膜表面覆盖糠麸样物质。胃:检查胃内容物的性状、颜色等,剖去内容物看胃黏膜有无出血、脱落、穿孔等现象。肝:检查肝的颜色、质地等。胆:看胆囊的外观是否肿大,划破胆囊看胆汁的颜色是否正常。肾:两个肾先做比较,看大小是否一样,有无肿胀。剖去肾包膜看肾脏表面有无出血点,然后将肾平放横切后,观察肾盂、肾盏有无肿大、出血等。膀胱:看膀胱的弹性、膀胱内膜有无出血点等。

四、胸腔剖开与各器官的检查

(1)胸腔打开方法　先检查胸腔压力,然后从两侧最后肋骨的最高点至第一肋骨的中央作两条锯线,锯开胸腔。用刀切断横膈附着部、心包、纵隔与胸骨间的联系,除去锯下的胸骨,胸腔即被打开。

另一种剖开胸腔的方法是:用刀(或剪)切断两侧肋软骨与肋骨结合部,再把刀伸入胸腔,划断脊柱左右两侧肋骨与胸椎连接部肌肉,按压两侧胸壁肋骨,折断肋骨与胸椎的连接,即可敞开胸腔。

打开胸腔后先看肾包膜有无粘连、是否有纤维状物渗出,传染性胸膜肺炎时有此症状。

(2)肺　看左右肺的大小、质地、颜色等。气喘病肺变为肉样,放在水中下沉,正常的肺放在水中是不下沉的。猪肺疫时,肺脏表面因出血水肿而呈大理石样外观。

(3)心脏　看心包膜有无出血点,切开心脏看二尖瓣、三尖瓣有无异常现象。猪丹毒时,可见溃疡性心内膜炎、增生,二尖瓣上有灰白色菜花赘生物,检查时应特别注意。

(4)颅腔剖开　清除头部皮肤和肌肉,先在两侧眶上突后缘作一条横锯线,从此锯线两端经额骨、顶骨侧面至枕崤外缘作两条平行的锯线,再从枕骨大孔两侧作一条"V"形锯线与二纵线相连。此时将头的鼻端向下立起,用槌敲击枕崤,即可揭开颅顶,露出颅腔。看有无出血点、萎缩和坏死现象。

(5)口腔和颈部器官采出　剥去颈部和下颌部皮肤后,用刀切断两下颌支内侧和舌连接的肌肉,左手指伸入下颌间隙,将舌牵出,剪断舌骨,将舌、咽喉和气管一并采出。看气管有无黏液、出血点等,扁桃体有无肿大、出血点等。

鸡的剖检程序

一、外观检查

对活禽进行剖检,还应观察它们的动态症状。首先看病禽的营养状况,若营养状况较好,则多为急性感染;其次观察站立姿势及行走步态,是否有跛行、麻痹症状,关节是否肿大,触摸肿胀部位以判断有无坚实感或波动感;再者检查羽毛有无外寄生虫,如虱、螨等;然后检查呼吸频率高低,呼吸状态如何,有无呼吸杂音等;最后检查眼睑、眼结膜、皮肤、肛门周围等处。

二、扑杀病鸡

扑杀病鸡时,应不使血液流出而污染环境,最好的方法是使颅颈部脱位,采用这种方法不必割破皮肤。左手握住鸡的双腿和翼梢,右手抓住鸡头,放在食指与中指之间,拇指抵在头后部,把鸡头向后方与颈部呈直角的方向屈折,用力牵拉至颅颈分离;待其停止挣扎后,方可剖检。

三、尸体剖检术式

为防止羽毛飞扬,应先将尸体放于消毒药液中浸泡片刻,然后取出放于盘中或桌上,按下列步骤操作。

(1)外部检查。

①天然孔的检查。检查口、鼻、眼等有无分泌物及其数量与性状。检查鼻窦时,可用剪刀在鼻孔前将口喙的上颌横向剪断,用手稍压鼻部,注意有无分泌物流出。视检泄殖孔的状态,注意泄殖腔内的黏膜变化,内容物性状及其周围的羽毛有无粪便污染。如鸡白痢时,在泄殖孔周围常有石膏样灰白色粪便黏附或堵塞。

②皮肤的检查。视检鸡冠、内髯,注意头部及其他各处的皮肤有无痘疮或皮疹。观察腹壁及嗉囊表面皮肤的颜色,有无尸体腐败的现象,检查鸡足时要注意鳞足病及足底趾瘤。

③骨骼、肌肉的检查。检查各关节有无肿胀,龙骨突有无变形、弯曲等现象。检查病鸡的营养状况,可用手触摸感知胸骨两侧的肌肉丰满度及龙骨的显突情况等。

(2)内部检查。

①体腔剖开。外部检查后,用1‰石炭酸溶液或清水将羽毛浸湿(防止羽灰飞扬)。切开大腿内侧皮肤,用力将两大腿向外下压直至两髋关节脱臼,使鸡体取背卧位平放于瓷盘上。拔掉颈部、胸部、腹部的羽毛,观察皮肤的色泽和性状,由喙角沿颈下体中线至泄殖孔前作一纵切线,再在泄殖腔前的皮肤作一横切线,向两侧剥离皮肤。皮下组织显露后,进行检查。

观察皮下组织的色泽,有无充出血,肌肉丰满程度、色泽等。观察龙骨有无变形、弯曲,检查嗉囊是否充盈食物,内容物的数量、性状等。

皮下组织检查后,在后腹部将腹壁横行切开,在切口的两侧分别向前,用骨剪剪断两侧肋骨、乌喙骨及锁骨,然后握住龙骨突的后缘,用力向上前方翻压,并切断周围的软组织,即可去掉胸骨,露出体腔。

②脏器视检。剖开体腔后,注意检查各部的气囊。气囊是由浆膜构成的,正常时透明且薄,有光泽,如有浑浊、增厚,或表面被覆有渗出物或增生物,均为异常。注意观察各脏器的位置、颜色,浆膜的状况,体腔内的液体、性状,各脏器之间有无粘连等。

③脏器的摘出。先将心脏连心包一起剪离,再摘出肝脏,然后将肌胃、腺胃、肠、胰、腺、脏脾及生殖器官一同摘出,陷于肋骨间隙内及腰荐骨的陷凹部的肺脏和肾脏,可用外科刀柄剥离取出。

④颈部器官的摘出。先用剪刀将下颅骨、食道和嗉囊剪开。注意食道黏膜的变化及囊内容物的数量、性状以及囊内膜的变化,再剪开喉头、气管,检查其黏膜及腔内分泌物。

⑤脑的摘出。先用刀剥离头部皮肤,再剪除颅顶骨,即可露出大脑和小脑,然后轻轻剥离,将前端的嗅脑、脑下垂体及视神经交叉等部逐一剪断,即可将整个大脑、小脑摘出。

附录 3　常见动物的生理常数

3.1　猪的生理常数

表 1　不同日龄猪的体况、呼吸和心跳数

猪的日龄	肛门温度 （℃，范围为±0.3 ℃）	呼吸 （次/分）	心跳 （次/分）
生后 1 h	36.8		
生后 12 h	38.0		
生后 24 h	38.6	50～60	200～250
未断奶仔猪	39.2		
保育仔猪	39.3	25～40	90～100
后备猪	39.0	30～40	80～90
育肥猪（50～90 kg）	38.8	25～35	75～85
妊娠母猪	38.7	13～18	70～80
母猪产前 6 h	39.0	95～105	
产后第一头仔猪	39.4	35～45	
产后 12 h	39.7	20～30	
产后 24 h	40.0	15～22	
产后 1 周至断奶	39.3		
断奶后	38.6		
种公猪	38.4	13～18	70～80

表 2　母猪繁殖生理常数

项目	内容
母猪性成熟期	3～8 月龄
性周期	21 天
产后发情期	断奶后 3～5 天
绝经期	6～8 年
寿命	12～16 年
开始繁殖日龄	8～10 月
可供繁殖年龄	4～5 年
1 年产仔胎数	2.0～2.5 胎
每胎产仔数	8～15 头
母猪分娩时子宫颈开张	2～6 h
分娩时每个胎儿出生间隔	5～30 min
胎衣排出时间	10～60 min

续表

项目	内容
恶露排出时间	1～3 天
妊娠期	114 天

3.2 牛的生理常数

表 1 牛的体温、脉搏和呼吸数

类别	正常体温(℃)	呼吸(次/分)	脉搏(次/分)
黄牛	37.5～39.5	10～30	50～80
奶牛	37.5～39.5	15～50	60～80
水牛	36.0～38.5	9～31	31～59

表 2 牛的消化生理指标

每天反刍次数	每次反刍持续时间(min)	每食团咀嚼次数	每小时嗳气次数	每天排粪量(kg)
4～8	40～50	40～60	17～20	15～40

表 3 牛的血液生理和生化指标

红细胞 (百万/mm³)	白细胞 (个/mm³)	血红蛋白 (g/100 ml)	血糖 (mg/ml)	血钙 (mg/ml)	血磷 (mg/ml)	血钾 (mg/ml)	血钠 (mg/ml)	血镁 (mg/ml)
5～7	7000～8000	9～14	60～90	10.5～12.5	3.2～8.4	20	330	4.2～4.6

3.3 羊的生理常数

3.3.1 肉羊的正常生理指标

表 1 肉羊的正常生理常数

项目	体温(℃)	呼吸(次/分)	脉搏(次/分)
绵羊	38.0～40.0	12～20	70～80
山羊	38.0～40.5	12～20	70～80

表 2 肉羊的血液生理常数

项目	血与体重(%)	血 pH	25 ℃血凝时间(min)
绵羊	8.10	7.49	2.5
山羊	7.90	8.98	2.5

3.3.2 肉羊的繁殖参数

表 1 肉羊的性成熟、初配年龄和公母比例

项目	性成熟	初配年龄	公母比例
绵羊	6～8 月龄	12～15 月龄	本交 1:30,人工授精 1:300
山羊	4～6 月龄	10～12 月龄	本交 1:50,人工授精 1:500

表2 肉羊的性周期与配种适期

产后第一次发情	发情持续期	配种适期	性周期
45天或半年	24～36 h	发情后12 h	17天

表3 公羊的射精量、精子浓度、射出精液精子数、精液酸碱度和保存温度

射精量(ml)	精子浓度(亿/ml)	射出精液精子数(亿)	酸碱度(pH)	保存温度(℃)
1～2	20～50	20～100	6.2～6.8	2～15

表4 肉羊的人工授精时间和输精量

授精时间	受精部位	输精量(ml)	有效精子数(亿)
发情后12 h	子宫颈内0.5～1.0 cm	0.1～0.2	0.6

表5 肉羊的怀孕期、预产期、产羔数和哺乳期

怀孕期	预产期	产羔数(头)	哺乳期(天)
146～150天	配种月份加5 配种日数减2	1～3	50～60

3.4 犬的生理常数

寿命:10～20岁;性成熟:7～12月龄;体成熟:9～15月龄;最佳配种时间:阴道出血后11～13日。

繁殖适龄期:1～2岁;性周期:180(126～240)天;妊娠期:60(58～63)天;哺乳期:50～60天。

体温(直肠):幼犬38.5～39.2℃;成年犬37.5～38.5℃;心率(心跳次数):幼犬100～120次/分,成年犬70～100次/分。

血压:颈动脉收缩压15.99～18.66 kPa(120～140 mmHg);股动脉舒张压13.33～15.99 kPa(100～120 mmHg)。

呼吸频率:10～30次/分。

血液总量:体重5.6%～8.3%;血量分布:脾脏贮存16%;肝脏贮存20%;皮肤内贮存10%;全身循环50%。

耗氧量:72 ml/min(10 kg);心输出量:14 ml/min。

全血比重:1.0234～1.0276;血浆比重:1.0234～1.0276;红细胞比重:1.090;血浆渗透压:688.7～773.1 kPa;血液pH:7.35～7.45;红细胞直径:6.7～7.2 μm;红细胞存活期:97～133天;红细胞比容(HCT):37%～55%;血凝时间(25℃,CT):2.5 min;血红蛋白(Hb):120～180 g/L;红细胞计数(RBC):(5.5～8.5)×10^{12}/L;网织红细胞(RETIC):0～1.5%;平均红细胞血红蛋白质(MCH):9.5～24.5 g;平均红细胞血红蛋白浓度(MCHC):32～36 g/100 ml;白细胞计数(WBC):(3.0～11.4)×10^9/L;中性粒细胞分叶核:(3.0～11.4)×10^9/L;中性粒细胞杆状核:(0～0.3)×10^9/L;淋巴细胞:(1.0～4.8)×10^9/L;单核细胞:(0.15～1.35)×10^9/L;嗜酸性粒细胞:(0.1～1.25)×10^9/L。

3.5　猫的生理常数

成年猫体重：母猫 2.3～3.0 kg；公猫 3.5～5.9 kg。

平均寿命：8 年以上。

最适环境温度和湿度：温度 18～21 ℃；湿度 45%～55%。

体温：39.0 ℃(38.0～39.5 ℃)；呼吸次数：20～30 次/分；心跳次数：120～140 次/分。血压：17.7～22.7 kPa。

红细胞数：8.0(6.5～9.5)×10^{12}/L；血红蛋白：80～138 g/L。

白细胞总数：1.6×10^{10}/L；嗜中性：0.595(0.44～0.82)；嗜酸性：0.054 (0.02～0.11)；嗜碱性：0.001(0～0.005)。

淋巴细胞：0.031(0.015～0.044)；单核细胞：0.005 (0.004～0.007)。

血液比重：1.054；血沉：3.0 mm/h。

凝血时间：3 min；血尿素氮：8.66±1.1 mmol/L；碱贮量：33(24～48)容积%。

尿量：200 ml/天；pH 为 7.5；尿比重：1.055。

性成熟平均体重：母 2.5 kg；公 3.5 kg；性成熟年龄：母 5～8 个月；公 7～9 个月。

繁殖适龄期：母 10～12 个月；公 12 个月；交配淘汰年龄：母 8 年；公 6 年。

性周期：14(14～18)天；发情持续时间：4(3～10)天；妊娠期：63(60～88)天；产仔数：3～6 只。

新生猫体重：90～140 g；哺乳时间：60 天；产后初次发情：泌乳后第 4 周。

附录4　中华人民共和国动物防疫法

（1997 年 7 月 3 日第八届全国人民代表大会常务委员会第二十六次会议通过。
2007 年 8 月 30 日第十届全国人民代表大会常务委员会第二十九次会议修订）

目　录

第一章　总　则

第一条　为了加强对动物防疫活动的管理，预防、控制和扑灭动物疫病，促进养殖业发展，保护人体健康，维护公共卫生安全，制定本法。

第二条　本法适用于在中华人民共和国领域内的动物防疫及其监督管理活动。

进出境动物、动物产品的检疫，适用《中华人民共和国进出境动植物检疫法》。

第三条　本法所称动物，是指家畜家禽和人工饲养、合法捕获的其他动物。

本法所称动物产品，是指动物的肉、生皮、原毛、绒、脏器、脂、血液、精液、卵、胚胎、骨、蹄、头、角、筋以及可能传播动物疫病的奶、蛋等。

本法所称动物疫病，是指动物传染病、寄生虫病。

本法所称动物防疫，是指动物疫病的预防、控制、扑灭和动物、动物产品的检疫。

第四条　根据动物疫病对养殖业生产和人体健康的危害程度，本法规定管理的动物疫病分为下列三类：

（一）一类疫病，是指对人与动物危害严重，需要采取紧急、严厉的强制预防、控制、扑灭等措施的；

（二）二类疫病，是指可能造成重大经济损失，需要采取严格控制、扑灭等措施，防止扩散的；

（三）三类疫病，是指常见多发、可能造成重大经济损失，需要控制和净化的。

前款一、二、三类动物疫病具体病种名录由国务院兽医主管部门制定并公布。

第五条　国家对动物疫病实行预防为主的方针。

第六条　县级以上人民政府应当加强对动物防疫工作的统一领导，加强基层动物防疫队伍建设，建立健全动物防疫体系，制定并组织实施动物疫病防治规划。

乡级人民政府、城市街道办事处应当组织群众协助做好本管辖区域内的动物疫病预防与控制工作。

第七条　国务院兽医主管部门主管全国的动物防疫工作。

县级以上地方人民政府兽医主管部门主管本行政区域内的动物防疫工作。

县级以上人民政府其他部门在各自的职责范围内做好动物防疫工作。

军队和武装警察部队动物卫生监督职能部门分别负责军队和武装警察部队现役动物及饲养自用动物的防疫工作。

第八条　县级以上地方人民政府设立的动物卫生监督机构依照本法规定，负责动物、动物产品的检疫工作和其他有关动物防疫的监督管理执法工作。

第九条　县级以上人民政府按照国务院的规定，根据统筹规划、合理布局、综合设置的原则建立动物疫病预防控制机构，承担动物疫病的监测、检测、诊断、流行病学调查、疫情报告以及其他预防、控制等技术工作。

第十条　国家支持和鼓励开展动物疫病的科学研究以及国际合作与交流，推广先进适用的科学研究成果，普及动物防疫科学知识，提高动物疫病防治的科学技术水平。

第十一条　对在动物防疫工作、动物防疫科学研究中作出成绩和贡献的单位和个人，各级人民政府及有关部门给予奖励。

第二章　动物疫病的预防

第十二条　国务院兽医主管部门对动物疫病状况进行风险评估，根据评估结果制定相应的动物疫病预防、控制措施。

国务院兽医主管部门根据国内外动物疫情和保护养殖业生产及人体健康的需要，及时制定并公布动物疫病预防、控制技术规范。

第十三条　国家对严重危害养殖业生产和人体健康的动物疫病实施强制免疫。国务院兽医主管部门确定强制免疫的动物疫病病种和区域，并会同国务院有关部门制定国家动物疫病强制免疫计划。

省、自治区、直辖市人民政府兽医主管部门根据国家动物疫病强制免疫计划，制定本行政区域的强制免疫计划；并可以根据本行政区域内动物疫病流行情况增加实施强制免疫的动物疫病病种和区域，报本级人民政府批准后执行，并报国务院兽医主管部门备案。

第十四条　县级以上地方人民政府兽医主管部门组织实施动物疫病强制免疫计划。乡级人民政府、城市街道办事处应当组织本管辖区域内饲养动物的单位和个人做好强制免疫工作。

饲养动物的单位和个人应当依法履行动物疫病强制免疫义务,按照兽医主管部门的要求做好强制免疫工作。

经强制免疫的动物,应当按照国务院兽医主管部门的规定建立免疫档案,加施畜禽标识,实施可追溯管理。

第十五条　县级以上人民政府应当建立健全动物疫情监测网络,加强动物疫情监测。

国务院兽医主管部门应当制定国家动物疫病监测计划。省、自治区、直辖市人民政府兽医主管部门应当根据国家动物疫病监测计划,制定本行政区域的动物疫病监测计划。

动物疫病预防控制机构应当按照国务院兽医主管部门的规定,对动物疫病的发生、流行等情况进行监测;从事动物饲养、屠宰、经营、隔离、运输以及动物产品生产、经营、加工、贮藏等活动的单位和个人不得拒绝或者阻碍。

第十六条　国务院兽医主管部门和省、自治区、直辖市人民政府兽医主管部门应当根据对动物疫病发生、流行趋势的预测,及时发出动物疫情预警。地方各级人民政府接到动物疫情预警后,应当采取相应的预防、控制措施。

第十七条　从事动物饲养、屠宰、经营、隔离、运输以及动物产品生产、经营、加工、贮藏等活动的单位和个人,应当依照本法和国务院兽医主管部门的规定,做好免疫、消毒等动物疫病预防工作。

第十八条　种用、乳用动物和宠物应当符合国务院兽医主管部门规定的健康标准。

种用、乳用动物应当接受动物疫病预防控制机构的定期检测;检测不合格的,应当按照国务院兽医主管部门的规定予以处理。

第十九条　动物饲养场(养殖小区)和隔离场所,动物屠宰加工场所,以及动物和动物产品无害化处理场所,应当符合下列动物防疫条件:

(一)场所的位置与居民生活区、生活饮用水源地、学校、医院等公共场所的距离符合国务院兽医主管部门规定的标准;

(二)生产区封闭隔离,工程设计和工艺流程符合动物防疫要求;

(三)有相应的污水、污物、病死动物、染疫动物产品的无害化处理设施设备和清洗消毒设施设备;

(四)有为其服务的动物防疫技术人员;

（五）有完善的动物防疫制度；

（六）具备国务院兽医主管部门规定的其他动物防疫条件。

第二十条　兴办动物饲养场（养殖小区）和隔离场所，动物屠宰加工场所，以及动物和动物产品无害化处理场所，应当向县级以上地方人民政府兽医主管部门提出申请，并附具相关材料。受理申请的兽医主管部门应当依照本法和《中华人民共和国行政许可法》的规定进行审查。经审查合格的，发给动物防疫条件合格证；不合格的，应当通知申请人并说明理由。需要办理工商登记的，申请人凭动物防疫条件合格证向工商行政管理部门申请办理登记注册手续。

动物防疫条件合格证应当载明申请人的名称、场（厂）址等事项。

经营动物、动物产品的集贸市场应当具备国务院兽医主管部门规定的动物防疫条件，并接受动物卫生监督机构的监督检查。

第二十一条　动物、动物产品的运载工具、垫料、包装物、容器等应当符合国务院兽医主管部门规定的动物防疫要求。

染疫动物及其排泄物、染疫动物产品，病死或者死因不明的动物尸体，运载工具中的动物排泄物以及垫料、包装物、容器等污染物，应当按照国务院兽医主管部门的规定处理，不得随意处置。

第二十二条　采集、保存、运输动物病料或者病原微生物以及从事病原微生物研究、教学、检测、诊断等活动，应当遵守国家有关病原微生物实验室管理的规定。

第二十三条　患有人畜共患传染病的人员不得直接从事动物诊疗以及易感染动物的饲养、屠宰、经营、隔离、运输等活动。

人畜共患传染病名录由国务院兽医主管部门会同国务院卫生主管部门制定并公布。

第二十四条　国家对动物疫病实行区域化管理，逐步建立无规定动物疫病区。无规定动物疫病区应当符合国务院兽医主管部门规定的标准，经国务院兽医主管部门验收合格予以公布。

本法所称无规定动物疫病区，是指具有天然屏障或者采取人工措施，在一定期限内没有发生规定的一种或者几种动物疫病，并经验收合格的区域。

第二十五条　禁止屠宰、经营、运输下列动物和生产、经营、加工、贮藏、运输下列动物产品：

（一）封锁疫区内与所发生动物疫病有关的；

（二）疫区内易感染的；

（三）依法应当检疫而未经检疫或者检疫不合格的；

（四）染疫或者疑似染疫的；

（五）病死或者死因不明的；

（六）其他不符合国务院兽医主管部门有关动物防疫规定的。

第三章　动物疫情的报告、通报和公布

第二十六条　从事动物疫情监测、检验检疫、疫病研究与诊疗以及动物饲养、屠宰、经营、隔离、运输等活动的单位和个人，发现动物染疫或者疑似染疫的，应当立即向当地兽医主管部门、动物卫生监督机构或者动物疫病预防控制机构报告，并采取隔离等控制措施，防止动物疫情扩散。其他单位和个人发现动物染疫或者疑似染疫的，应当及时报告。

接到动物疫情报告的单位，应当及时采取必要的控制处理措施，并按照国家规定的程序上报。

第二十七条　动物疫情由县级以上人民政府兽医主管部门认定；其中重大动物疫情由省、自治区、直辖市人民政府兽医主管部门认定，必要时报国务院兽医主管部门认定。

第二十八条　国务院兽医主管部门应当及时向国务院有关部门和军队有关部门以及省、自治区、直辖市人民政府兽医主管部门通报重大动物疫情的发生和处理情况；发生人畜共患传染病的，县级以上人民政府兽医主管部门与同级卫生主管部门应当及时相互通报。

国务院兽医主管部门应当依照我国缔结或者参加的条约、协定，及时向有关国际组织或者贸易方通报重大动物疫情的发生和处理情况。

第二十九条　国务院兽医主管部门负责向社会及时公布全国动物疫情，也可以根据需要授权省、自治区、直辖市人民政府兽医主管部门公布本行政区域内的动物疫情。其他单位和个人不得发布动物疫情。

第三十条　任何单位和个人不得瞒报、谎报、迟报、漏报动物疫情，不得授意他人瞒报、谎报、迟报动物疫情，不得阻碍他人报告动物疫情。

第四章　动物疫病的控制和扑灭

第三十一条　发生一类动物疫病时，应当采取下列控制和扑灭措施：

（一）当地县级以上地方人民政府兽医主管部门应当立即派人到现场，划定疫点、疫区、受威胁区，调查疫源，及时报请本级人民政府对疫区实行封锁。疫区范围涉及两个以上行政区域的，由有关行政区域共同的上一级人民政府对疫区实行封锁，或者由各有关行政区域的上一级人民政府共同对疫区实行封锁。必要时，上级人民政府可以责成下级人民政府对疫区实行封锁。

（二）县级以上地方人民政府应当立即组织有关部门和单位采取封锁、隔离、扑杀、销毁、消毒、无害化处理、紧急免疫接种等强制性措施，迅速扑灭疫病。

（三）在封锁期间，禁止染疫、疑似染疫和易感染的动物、动物产品流出疫区，

禁止非疫区的易感染动物进入疫区,并根据扑灭动物疫病的需要对出入疫区的人员、运输工具及有关物品采取消毒和其他限制性措施。

第三十二条　发生二类动物疫病时,应当采取下列控制和扑灭措施:

(一)当地县级以上地方人民政府兽医主管部门应当划定疫点、疫区、受威胁区。

(二)县级以上地方人民政府根据需要组织有关部门和单位采取隔离、扑杀、销毁、消毒、无害化处理、紧急免疫接种、限制易感染的动物和动物产品及有关物品出入等控制、扑灭措施。

第三十三条　疫点、疫区、受威胁区的撤销和疫区封锁的解除,按照国务院兽医主管部门规定的标准和程序评估后,由原决定机关决定并宣布。

第三十四条　发生三类动物疫病时,当地县级、乡级人民政府应当按照国务院兽医主管部门的规定组织防治和净化。

第三十五条　二、三类动物疫病呈暴发性流行时,按照一类动物疫病处理。

第三十六条　为控制、扑灭动物疫病,动物卫生监督机构应当派人在当地依法设立的现有检查站执行监督检查任务;必要时,经省、自治区、直辖市人民政府批准,可以设立临时性的动物卫生监督检查站,执行监督检查任务。

第三十七条　发生人畜共患传染病时,卫生主管部门应当组织对疫区易感染的人群进行监测,并采取相应的预防、控制措施。

第三十八条　疫区内有关单位和个人,应当遵守县级以上人民政府及其兽医主管部门依法作出的有关控制、扑灭动物疫病的规定。

任何单位和个人不得藏匿、转移、盗掘已被依法隔离、封存、处理的动物和动物产品。

第三十九条　发生动物疫情时,航空、铁路、公路、水路等运输部门应当优先组织运送控制、扑灭疫病的人员和有关物资。

第四十条　一、二、三类动物疫病突然发生,迅速传播,给养殖业生产安全造成严重威胁、危害,以及可能对公众身体健康与生命安全造成危害,构成重大动物疫情的,依照法律和国务院的规定采取应急处理措施。

第五章　动物和动物产品的检疫

第四十一条　动物卫生监督机构依照本法和国务院兽医主管部门的规定对动物、动物产品实施检疫。

动物卫生监督机构的官方兽医具体实施动物、动物产品检疫。官方兽医应当具备规定的资格条件,取得国务院兽医主管部门颁发的资格证书,具体办法由国务院兽医主管部门会同国务院人事行政部门制定。

本法所称官方兽医,是指具备规定的资格条件并经兽医主管部门任命的,负责出具检疫等证明的国家兽医工作人员。

第四十二条　屠宰、出售或者运输动物以及出售或者运输动物产品前,货主应当按照国务院兽医主管部门的规定向当地动物卫生监督机构申报检疫。

动物卫生监督机构接到检疫申报后,应当及时指派官方兽医对动物、动物产品实施现场检疫;检疫合格的,出具检疫证明、加施检疫标志。实施现场检疫的官方兽医应当在检疫证明、检疫标志上签字或者盖章,并对检疫结论负责。

第四十三条　屠宰、经营、运输以及参加展览、演出和比赛的动物,应当附有检疫证明;经营和运输的动物产品,应当附有检疫证明、检疫标志。

对前款规定的动物、动物产品,动物卫生监督机构可以查验检疫证明、检疫标志,进行监督抽查,但不得重复检疫收费。

第四十四条　经铁路、公路、水路、航空运输动物和动物产品的,托运人托运时应当提供检疫证明;没有检疫证明的,承运人不得承运。

运载工具在装载前和卸载后应当及时清洗、消毒。

第四十五条　输入到无规定动物疫病区的动物、动物产品,货主应当按照国务院兽医主管部门的规定向无规定动物疫病区所在地动物卫生监督机构申报检疫,经检疫合格的,方可进入;检疫所需费用纳入无规定动物疫病区所在地地方人民政府财政预算。

第四十六条　跨省、自治区、直辖市引进乳用动物、种用动物及其精液、胚胎、种蛋的,应当向输入地省、自治区、直辖市动物卫生监督机构申请办理审批手续,并依照本法第四十二条的规定取得检疫证明。

跨省、自治区、直辖市引进的乳用动物、种用动物到达输入地后,货主应当按照国务院兽医主管部门的规定对引进的乳用动物、种用动物进行隔离观察。

第四十七条　人工捕获的可能传播动物疫病的野生动物,应当报经捕获地动物卫生监督机构检疫,经检疫合格的,方可饲养、经营和运输。

第四十八条　经检疫不合格的动物、动物产品,货主应当在动物卫生监督机构监督下按照国务院兽医主管部门的规定处理,处理费用由货主承担。

第四十九条　依法进行检疫需要收取费用的,其项目和标准由国务院财政部门、物价主管部门规定。

第六章　动物诊疗

第五十条　从事动物诊疗活动的机构,应当具备下列条件:

(一)有与动物诊疗活动相适应并符合动物防疫条件的场所;

(二)有与动物诊疗活动相适应的执业兽医;

(三)有与动物诊疗活动相适应的兽医器械和设备;

(四)有完善的管理制度。

第五十一条　设立从事动物诊疗活动的机构,应当向县级以上地方人民政府兽医主管部门申请动物诊疗许可证。受理申请的兽医主管部门应当依照本法和《中华人民共和国行政许可法》的规定进行审查。经审查合格的,发给动物诊疗许可证;不合格的,应当通知申请人并说明理由。申请人凭动物诊疗许可证向工商行政管理部门申请办理登记注册手续,取得营业执照后,方可从事动物诊疗活动。

第五十二条　动物诊疗许可证应当载明诊疗机构名称、诊疗活动范围、从业地点和法定代表人(负责人)等事项。

动物诊疗许可证载明事项变更的,应当申请变更或者换发动物诊疗许可证,并依法办理工商变更登记手续。

第五十三条　动物诊疗机构应当按照国务院兽医主管部门的规定,做好诊疗活动中的卫生安全防护、消毒、隔离和诊疗废弃物处置等工作。

第五十四条　国家实行执业兽医资格考试制度。具有兽医相关专业大学专科以上学历的,可以申请参加执业兽医资格考试;考试合格的,由国务院兽医主管部门颁发执业兽医资格证书;从事动物诊疗的,还应当向当地县级人民政府兽医主管部门申请注册。执业兽医资格考试和注册办法由国务院兽医主管部门商国务院人事行政部门制定。

本法所称执业兽医,是指从事动物诊疗和动物保健等经营活动的兽医。

第五十五条　经注册的执业兽医,方可从事动物诊疗、开具兽药处方等活动。但是,本法第五十七条对乡村兽医服务人员另有规定的,从其规定。

执业兽医、乡村兽医服务人员应当按照当地人民政府或者兽医主管部门的要求,参加预防、控制和扑灭动物疫病的活动。

第五十六条　从事动物诊疗活动,应当遵守有关动物诊疗的操作技术规范,使用符合国家规定的兽药和兽医器械。

第五十七条　乡村兽医服务人员可以在乡村从事动物诊疗服务活动,具体管理办法由国务院兽医主管部门制定。

第七章　监督管理

第五十八条　动物卫生监督机构依照本法规定,对动物饲养、屠宰、经营、隔离、运输以及动物产品生产、经营、加工、贮藏、运输等活动中的动物防疫实施监督管理。

第五十九条　动物卫生监督机构执行监督检查任务,可以采取下列措施,有关单位和个人不得拒绝或者阻碍:

(一)对动物、动物产品按照规定采样、留验、抽检;

(二)对染疫或者疑似染疫的动物、动物产品及相关物品进行隔离、查封、扣押和处理;

（三）对依法应当检疫而未经检疫的动物实施补检；

（四）对依法应当检疫而未经检疫的动物产品，具备补检条件的实施补检，不具备补检条件的予以没收销毁；

（五）查验检疫证明、检疫标志和畜禽标识；

（六）进入有关场所调查取证，查阅、复制与动物防疫有关的资料。

动物卫生监督机构根据动物疫病预防、控制需要，经当地县级以上地方人民政府批准，可以在车站、港口、机场等相关场所派驻官方兽医。

第六十条　官方兽医执行动物防疫监督检查任务，应当出示行政执法证件，佩戴统一标志。

动物卫生监督机构及其工作人员不得从事与动物防疫有关的经营性活动，进行监督检查不得收取任何费用。

第六十一条　禁止转让、伪造或者变造检疫证明、检疫标志或者畜禽标识。

检疫证明、检疫标志的管理办法，由国务院兽医主管部门制定。

第八章　保障措施

第六十二条　县级以上人民政府应当将动物防疫纳入本级国民经济和社会发展规划及年度计划。

第六十三条　县级人民政府和乡级人民政府应当采取有效措施，加强村级防疫员队伍建设。

县级人民政府兽医主管部门可以根据动物防疫工作需要，向乡、镇或者特定区域派驻兽医机构。

第六十四条　县级以上人民政府按照本级政府职责，将动物疫病预防、控制、扑灭、检疫和监督管理所需经费纳入本级财政预算。

第六十五条　县级以上人民政府应当储备动物疫情应急处理工作所需的防疫物资。

第六十六条　对在动物疫病预防和控制、扑灭过程中强制扑杀的动物、销毁的动物产品和相关物品，县级以上人民政府应当给予补偿。具体补偿标准和办法由国务院财政部门会同有关部门制定。

因依法实施强制免疫造成动物应激死亡的，给予补偿。具体补偿标准和办法由国务院财政部门会同有关部门制定。

第六十七条　对从事动物疫病预防、检疫、监督检查、现场处理疫情以及在工作中接触动物疫病病原体的人员，有关单位应当按照国家规定采取有效的卫生防护措施和医疗保健措施。

第九章　法律责任

第六十八条　地方各级人民政府及其工作人员未依照本法规定履行职责的,对直接负责的主管人员和其他直接责任人员依法给予处分。

第六十九条　县级以上人民政府兽医主管部门及其工作人员违反本法规定,有下列行为之一的,由本级人民政府责令改正,通报批评;对直接负责的主管人员和其他直接责任人员依法给予处分:

(一)未及时采取预防、控制、扑灭等措施的;

(二)对不符合条件的颁发动物防疫条件合格证、动物诊疗许可证,或者对符合条件的拒不颁发动物防疫条件合格证、动物诊疗许可证的;

(三)其他未依照本法规定履行职责的行为。

第七十条　动物卫生监督机构及其工作人员违反本法规定,有下列行为之一的,由本级人民政府或者兽医主管部门责令改正,通报批评;对直接负责的主管人员和其他直接责任人员依法给予处分:

(一)对未经现场检疫或者检疫不合格的动物、动物产品出具检疫证明、加施检疫标志,或者对检疫合格的动物、动物产品拒不出具检疫证明、加施检疫标志的;

(二)对附有检疫证明、检疫标志的动物、动物产品重复检疫的;

(三)从事与动物防疫有关的经营性活动,或者在国务院财政部门、物价主管部门规定外加收费用、重复收费的;

(四)其他未依照本法规定履行职责的行为。

第七十一条　动物疫病预防控制机构及其工作人员违反本法规定,有下列行为之一的,由本级人民政府或者兽医主管部门责令改正,通报批评;对直接负责的主管人员和其他直接责任人员依法给予处分:

(一)未履行动物疫病监测、检测职责或者伪造监测、检测结果的;

(二)发生动物疫情时未及时进行诊断、调查的;

(三)其他未依照本法规定履行职责的行为。

第七十二条　地方各级人民政府、有关部门及其工作人员瞒报、谎报、迟报、漏报或者授意他人瞒报、谎报、迟报动物疫情,或者阻碍他人报告动物疫情的,由上级人民政府或者有关部门责令改正,通报批评;对直接负责的主管人员和其他直接责任人员依法给予处分。

第七十三条　违反本法规定,有下列行为之一的,由动物卫生监督机构责令改正,给予警告;拒不改正的,由动物卫生监督机构代作处理,所需处理费用由违法行为人承担,可以处一千元以下罚款:

(一)对饲养的动物不按照动物疫病强制免疫计划进行免疫接种的;

(二)种用、乳用动物未经检测或者经检测不合格而不按照规定处理的;

（三）动物、动物产品的运载工具在装载前和卸载后没有及时清洗、消毒的。

第七十四条　违反本法规定，对经强制免疫的动物未按照国务院兽医主管部门规定建立免疫档案、加施畜禽标识的，依照《中华人民共和国畜牧法》的有关规定处罚。

第七十五条　违反本法规定，不按照国务院兽医主管部门规定处置染疫动物及其排泄物，染疫动物产品，病死或者死因不明的动物尸体，运载工具中的动物排泄物以及垫料、包装物、容器等污染物以及其他经检疫不合格的动物、动物产品的，由动物卫生监督机构责令无害化处理，所需处理费用由违法行为人承担，可以处三千元以下罚款。

第七十六条　违反本法第二十五条规定，屠宰、经营、运输动物或者生产、经营、加工、贮藏、运输动物产品的，由动物卫生监督机构责令改正、采取补救措施，没收违法所得和动物、动物产品，并处同类检疫合格动物、动物产品货值金额一倍以上五倍以下罚款；其中依法应当检疫而未检疫的，依照本法第七十八条的规定处罚。

第七十七条　违反本法规定，有下列行为之一的，由动物卫生监督机构责令改正，处一千元以上一万元以下罚款；情节严重的，处一万元以上十万元以下罚款：

（一）兴办动物饲养场（养殖小区）和隔离场所，动物屠宰加工场所，以及动物和动物产品无害化处理场所，未取得动物防疫条件合格证的；

（二）未办理审批手续，跨省、自治区、直辖市引进乳用动物、种用动物及其精液、胚胎、种蛋的；

（三）未经检疫，向无规定动物疫病区输入动物、动物产品的。

第七十八条　违反本法规定，屠宰、经营、运输的动物未附有检疫证明，经营和运输的动物产品未附有检疫证明、检疫标志的，由动物卫生监督机构责令改正，处同类检疫合格动物、动物产品货值金额百分之十以上百分之五十以下罚款；对货主以外的承运人处运输费用一倍以上三倍以下罚款。

违反本法规定，参加展览、演出和比赛的动物未附有检疫证明的，由动物卫生监督机构责令改正，处一千元以上三千元以下罚款。

第七十九条　违反本法规定，转让、伪造或者变造检疫证明、检疫标志或者畜禽标识的，由动物卫生监督机构没收违法所得，收缴检疫证明、检疫标志或者畜禽标识，并处三千元以上三万元以下罚款。

第八十条　违反本法规定，有下列行为之一的，由动物卫生监督机构责令改正，处一千元以上一万元以下罚款：

（一）不遵守县级以上人民政府及其兽医主管部门依法作出的有关控制、扑灭

动物疫病规定的;

(二)藏匿、转移、盗掘已被依法隔离、封存、处理的动物和动物产品的;

(三)发布动物疫情的。

第八十一条　违反本法规定,未取得动物诊疗许可证从事动物诊疗活动的,由动物卫生监督机构责令停止诊疗活动,没收违法所得;违法所得在三万元以上的,并处违法所得一倍以上三倍以下罚款;没有违法所得或者违法所得不足三万元的,并处三千元以上三万元以下罚款。

动物诊疗机构违反本法规定,造成动物疫病扩散的,由动物卫生监督机构责令改正,处一万元以上五万元以下罚款;情节严重的,由发证机关吊销动物诊疗许可证。

第八十二条　违反本法规定,未经兽医执业注册从事动物诊疗活动的,由动物卫生监督机构责令停止动物诊疗活动,没收违法所得,并处一千元以上一万元以下罚款。

执业兽医有下列行为之一的,由动物卫生监督机构给予警告,责令暂停六个月以上一年以下动物诊疗活动;情节严重的,由发证机关吊销注册证书:

(一)违反有关动物诊疗的操作技术规范,造成或者可能造成动物疫病传播、流行的;

(二)使用不符合国家规定的兽药和兽医器械的;

(三)不按照当地人民政府或者兽医主管部门要求参加动物疫病预防、控制和扑灭活动的。

第八十三条　违反本法规定,从事动物疫病研究与诊疗和动物饲养、屠宰、经营、隔离、运输,以及动物产品生产、经营、加工、贮藏等活动的单位和个人,有下列行为之一的,由动物卫生监督机构责令改正;拒不改正的,对违法行为单位处一千元以上一万元以下罚款,对违法行为个人可以处五百元以下罚款:

(一)不履行动物疫情报告义务的;

(二)不如实提供与动物防疫活动有关资料的;

(三)拒绝动物卫生监督机构进行监督检查的;

(四)拒绝动物疫病预防控制机构进行动物疫病监测、检测的。

第八十四条　违反本法规定,构成犯罪的,依法追究刑事责任。

违反本法规定,导致动物疫病传播、流行等,给他人人身、财产造成损害的,依法承担民事责任。

第十章　附　则

第八十五条　本法自 2008 年 1 月 1 日起施行。

附录5　动物检疫管理办法

（2010 年 1 月 21 日农业部令第 6 号公布）

第一章　总　则

第一条　为加强动物检疫活动管理，预防、控制和扑灭动物疫病，保障动物及动物产品安全，保护人体健康，维护公共卫生安全，根据《中华人民共和国动物防疫法》（以下简称《动物防疫法》），制定本办法。

第二条　本办法适用于中华人民共和国领域内的动物检疫活动。

第三条　农业部主管全国动物检疫工作。

县级以上地方人民政府兽医主管部门主管本行政区域内的动物检疫工作。

县级以上地方人民政府设立的动物卫生监督机构负责本行政区域内动物、动物产品的检疫及其监督管理工作。

第四条　动物检疫的范围、对象和规程由农业部制定、调整并公布。

第五条　动物卫生监督机构指派官方兽医按照《动物防疫法》和本办法的规定对动物、动物产品实施检疫，出具检疫证明，加施检疫标志。

动物卫生监督机构可以根据检疫工作需要，指定兽医专业人员协助官方兽医实施动物检疫。

第六条　动物检疫遵循过程监管、风险控制、区域化和可追溯管理相结合的原则。

第二章　检疫申报

第七条　国家实行动物检疫申报制度。

动物卫生监督机构应当根据检疫工作需要，合理设置动物检疫申报点，并向社会公布动物检疫申报点、检疫范围和检疫对象。

县级以上人民政府兽医主管部门应当加强动物检疫申报点的建设和管理。

第八条　下列动物、动物产品在离开产地前，货主应当按规定时限向所在地动物卫生监督机构申报检疫：

（一）出售、运输动物产品和供屠宰、继续饲养的动物，应当提前 3 天申报检疫。

（二）出售、运输乳用动物、种用动物及其精液、卵、胚胎、种蛋，以及参加展览、演出和比赛的动物，应当提前 15 天申报检疫。

（三）向无规定动物疫病区输入相关易感动物、易感动物产品的，货主除按规定向输出地动物卫生监督机构申报检疫外，还应当在起运 3 天前向输入地省级动物卫生监督机构申报检疫。

第九条　合法捕获野生动物的,应当在捕获后 3 天内向捕获地县级动物卫生监督机构申报检疫。

第十条　屠宰动物的,应当提前 6 小时向所在地动物卫生监督机构申报检疫;急宰动物的,可以随时申报。

第十一条　申报检疫的,应当提交检疫申报单;跨省、自治区、直辖市调运乳用动物、种用动物及其精液、胚胎、种蛋的,还应当同时提交输入地省、自治区、直辖市动物卫生监督机构批准的《跨省引进乳用种用动物检疫审批表》。

申报检疫采取申报点填报、传真、电话等方式申报。采用电话申报的,需在现场补填检疫申报单。

第十二条　动物卫生监督机构受理检疫申报后,应当派出官方兽医到现场或指定地点实施检疫;不予受理的,应当说明理由。

第三章　产地检疫

第十三条　出售或者运输的动物、动物产品经所在地县级动物卫生监督机构的官方兽医检疫合格,并取得《动物检疫合格证明》后,方可离开产地。

第十四条　出售或者运输的动物,经检疫符合下列条件,由官方兽医出具《动物检疫合格证明》:

(一)来自非封锁区或者未发生相关动物疫情的饲养场(户);

(二)按照国家规定进行了强制免疫,并在有效保护期内;

(三)临床检查健康;

(四)农业部规定需要进行实验室疫病检测的,检测结果符合要求;

(五)养殖档案相关记录和畜禽标识符合农业部规定。

乳用、种用动物和宠物,还应当符合农业部规定的健康标准。

第十五条　合法捕获的野生动物,经检疫符合下列条件,由官方兽医出具《动物检疫合格证明》后,方可饲养、经营和运输:

(一)来自非封锁区;

(二)临床检查健康;

(三)农业部规定需要进行实验室疫病检测的,检测结果符合要求。

第十六条　出售、运输的种用动物精液、卵、胚胎、种蛋,经检疫符合下列条件,由官方兽医出具《动物检疫合格证明》:

(一)来自非封锁区,或者未发生相关动物疫情的种用动物饲养场;

(二)供体动物按照国家规定进行了强制免疫,并在有效保护期内;

(三)供体动物符合动物健康标准;

(四)农业部规定需要进行实验室疫病检测的,检测结果符合要求;

(五)供体动物的养殖档案相关记录和畜禽标识符合农业部规定。

第十七条　出售、运输的骨、角、生皮、原毛、绒等产品,经检疫符合下列条件,由官方兽医出具《动物检疫合格证明》:

(一)来自非封锁区,或者未发生相关动物疫情的饲养场(户);

(二)按有关规定消毒合格;

(三)农业部规定需要进行实验室疫病检测的,检测结果符合要求。

第十八条　经检疫不合格的动物、动物产品,由官方兽医出具检疫处理通知单,并监督货主按照农业部规定的技术规范处理。

第十九条　跨省、自治区、直辖市引进用于饲养的非乳用、非种用动物到达目的地后,货主或者承运人应当在 24 小时内向所在地县级动物卫生监督机构报告,并接受监督检查。

第二十条　跨省、自治区、直辖市引进的乳用、种用动物到达输入地后,在所在地动物卫生监督机构的监督下,应当在隔离场或饲养场(养殖小区)内的隔离舍进行隔离观察,大中型动物隔离期为 45 天,小型动物隔离期为 30 天。经隔离观察合格的方可混群饲养;不合格的,按照有关规定进行处理。隔离观察合格后需继续在省内运输的,货主应当申请更换《动物检疫合格证明》。动物卫生监督机构更换《动物检疫合格证明》不得收费。

第四章　屠宰检疫

第二十一条　县级动物卫生监督机构依法向屠宰场(厂、点)派驻(出)官方兽医实施检疫。屠宰场(厂、点)应当提供与屠宰规模相适应的官方兽医驻场检疫室和检疫操作台等设施。出场(厂、点)的动物产品应当经官方兽医检疫合格,加施检疫标志,并附有《动物检疫合格证明》。

第二十二条　进入屠宰场(厂、点)的动物应当附有《动物检疫合格证明》,并佩戴有农业部规定的畜禽标识。

官方兽医应当查验进场动物附具的《动物检疫合格证明》和佩戴的畜禽标识,检查待宰动物健康状况,对疑似染疫的动物进行隔离观察。

官方兽医应当按照农业部规定,在动物屠宰过程中实施全流程同步检疫和必要的实验室疫病检测。

第二十三条　经检疫符合下列条件的,由官方兽医出具《动物检疫合格证明》,对胴体及分割、包装的动物产品加盖检疫验讫印章或者加施其他检疫标志:

(一)无规定的传染病和寄生虫病;

(二)符合农业部规定的相关屠宰检疫规程要求;

(三)需要进行实验室疫病检测的,检测结果符合要求。

骨、角、生皮、原毛、绒的检疫还应当符合本办法第十七条有关规定。

第二十四条　经检疫不合格的动物、动物产品,由官方兽医出具检疫处理通知单,并监督屠宰场(厂、点)或者货主按照农业部规定的技术规范处理。

第二十五条　官方兽医应当回收进入屠宰场(厂、点)动物附具的《动物检疫合格证明》,填写屠宰检疫记录。回收的《动物检疫合格证明》应当保存 12 个月以上。

第二十六条　经检疫合格的动物产品到达目的地后,需要直接在当地分销的,货主可以向输入地动物卫生监督机构申请换证,换证不得收费。换证应当符合下列条件:

(一)提供原始有效《动物检疫合格证明》,检疫标志完整,且证物相符;

(二)在有关国家标准规定的保质期内,且无腐败变质。

第二十七条　经检疫合格的动物产品到达目的地,贮藏后需继续调运或者分销的,货主可以向输入地动物卫生监督机构重新申报检疫。输入地县级以上动物卫生监督机构对符合下列条件的动物产品,出具《动物检疫合格证明》。

(一)提供原始有效《动物检疫合格证明》,检疫标志完整,且证物相符;

(二)在有关国家标准规定的保质期内,无腐败变质;

(三)有健全的出入库登记记录;

(四)农业部规定进行必要的实验室疫病检测的,检测结果符合要求。

第五章　水产苗种产地检疫

第二十八条　出售或者运输水生动物的亲本、稚体、幼体、受精卵、发眼卵及其他遗传育种材料等水产苗种的,货主应当提前 20 天向所在地县级动物卫生监督机构申报检疫;经检疫合格,并取得《动物检疫合格证明》后,方可离开产地。

第二十九条　养殖、出售或者运输合法捕获的野生水产苗种的,货主应当在捕获野生水产苗种后 2 天内向所在地县级动物卫生监督机构申报检疫;经检疫合格,并取得《动物检疫合格证明》后,方可投放养殖场所、出售或者运输。

合法捕获的野生水产苗种实施检疫前,货主应当将其隔离在符合下列条件的临时检疫场地:

(一)与其他养殖场所有物理隔离设施;

(二)具有独立的进排水和废水无害化处理设施以及专用渔具;

(三)农业部规定的其他防疫条件。

第三十条　水产苗种经检疫符合下列条件的,由官方兽医出具《动物检疫合格证明》:

(一)该苗种生产场近期未发生相关水生动物疫情;

(二)临床健康检查合格;

(三)农业部规定需要经水生动物疫病诊断实验室检验的,检验结果符合要求。

检疫不合格的,动物卫生监督机构应当监督货主按照农业部规定的技术规范处理。

第三十一条　跨省、自治区、直辖市引进水产苗种到达目的地后,货主或承运人应当在 24 小时内按照有关规定报告,并接受当地动物卫生监督机构的监督检查。

第六章　无规定动物疫病区动物检疫

第三十二条　向无规定动物疫病区运输相关易感动物、动物产品的,除附有输出地动物卫生监督机构出具的《动物检疫合格证明》外,还应当向输入地省、自治区、直辖市动物卫生监督机构申报检疫,并按照本办法第三十三条、第三十四条规定取得输入地《动物检疫合格证明》。

第三十三条　输入到无规定动物疫病区的相关易感动物,应当在输入地省、自治区、直辖市动物卫生监督机构指定的隔离场所,按照农业部规定的无规定动物疫病区有关检疫要求隔离检疫。大中型动物隔离检疫期为 45 天,小型动物隔离检疫期为 30 天。隔离检疫合格的,由输入地省、自治区、直辖市动物卫生监督机构的官方兽医出具《动物检疫合格证明》;不合格的,不准进入,并依法处理。

第三十四条　输入到无规定动物疫病区的相关易感动物产品,应当在输入地省、自治区、直辖市动物卫生监督机构指定的地点,按照农业部规定的无规定动物疫病区有关检疫要求进行检疫。检疫合格的,由输入地省、自治区、直辖市动物卫生监督机构的官方兽医出具《动物检疫合格证明》;不合格的,不准进入,并依法处理。

第七章　乳用种用动物检疫审批

第三十五条　跨省、自治区、直辖市引进乳用动物、种用动物及其精液、胚胎、种蛋的,货主应当填写《跨省引进乳用种用动物检疫审批表》,向输入地省、自治区、直辖市动物卫生监督机构申请办理审批手续。

第三十六条　输入地省、自治区、直辖市动物卫生监督机构应当自受理申请之日起 10 个工作日内,作出是否同意引进的决定。符合下列条件的,签发《跨省引进乳用种用动物检疫审批表》;不符合下列条件的,书面告知申请人,并说明理由。

(一)输出和输入饲养场、养殖小区取得《动物防疫条件合格证》;

(二)输入饲养场、养殖小区存栏的动物符合动物健康标准;

(三)输出的乳用、种用动物养殖档案相关记录符合农业部规定;

(四)输出的精液、胚胎、种蛋的供体符合动物健康标准。

第三十七条　货主凭输入地省、自治区、直辖市动物卫生监督机构签发的《跨省引进乳用种用动物检疫审批表》,按照本办法规定向输出地县级动物卫生监督机构申报检疫。输出地县级动物卫生监督机构应当按照本办法的规定实施检疫。

第三十八条　跨省引进乳用种用动物应当在《跨省引进乳用种用动物检疫审批表》有效期内运输。逾期引进的,货主应当重新办理审批手续。

第八章　检疫监督

第三十九条　屠宰、经营、运输以及参加展览、演出和比赛的动物,应当附有《动物检疫合格证明》;经营、运输的动物产品应当附有《动物检疫合格证明》和检疫标志。

对符合前款规定的动物、动物产品,动物卫生监督机构可以查验检疫证明、检疫标志,对动物、动物产品进行采样、留验、抽检,但不得重复检疫收费。

第四十条　依法应当检疫而未经检疫的动物,由动物卫生监督机构依照本条第二款规定补检,并依照《动物防疫法》处理处罚。

符合下列条件的,由动物卫生监督机构出具《动物检疫合格证明》;不符合的,按照农业部有关规定进行处理。

（一）畜禽标识符合农业部规定;

（二）临床检查健康;

（三）农业部规定需要进行实验室疫病检测的,检测结果符合要求。

第四十一条　依法应当检疫而未经检疫的骨、角、生皮、原毛、绒等产品,符合下列条件的,由动物卫生监督机构出具《动物检疫合格证明》;不符合的,予以没收销毁。同时,依照《动物防疫法》处理处罚。

（一）货主在5天内提供输出地动物卫生监督机构出具的来自非封锁区的证明;

（二）经外观检查无腐烂变质;

（三）按有关规定重新消毒;

（四）农业部规定需要进行实验室疫病检测的,检测结果符合要求。

第四十二条　依法应当检疫而未经检疫的精液、胚胎、种蛋等,符合下列条件的,由动物卫生监督机构出具《动物检疫合格证明》;不符合的,予以没收销毁。同时,依照《动物防疫法》处理处罚。

（一）货主在5天内提供输出地动物卫生监督机构出具的来自非封锁区的证明和供体动物符合健康标准的证明;

（二）在规定的保质期内,并经外观检查无腐败变质;

（三）农业部规定需要进行实验室疫病检测的,检测结果符合要求。

第四十三条　依法应当检疫而未经检疫的肉、脏器、脂、头、蹄、血液、筋等,符合下列条件的,由动物卫生监督机构出具《动物检疫合格证明》,并依照《动物防疫法》第七十八条的规定进行处理;不符合下列条件的,予以没收销毁,并依照《动物防疫法》第七十六条的规定进行处罚：

（一）货主在5天内提供输出地动物卫生监督机构出具的来自非封锁区的证明；

（二）经外观检查无病变、无腐败变质；

（三）农业部规定需要进行实验室疫病检测的，检测结果符合要求。

第四十四条　经铁路、公路、水路、航空运输依法应当检疫的动物、动物产品的，托运人托运时应当提供《动物检疫合格证明》。没有《动物检疫合格证明》的，承运人不得承运。

第四十五条　货主或者承运人应当在装载前和卸载后，对动物、动物产品的运载工具以及饲养用具、装载用具等，按照农业部规定的技术规范进行消毒，并对清除的垫料、粪便、污物等进行无害化处理。

第四十六条　封锁区内的商品蛋、生鲜奶的运输监管按照《重大动物疫情应急条例》实施。

第四十七条　经检疫合格的动物、动物产品应当在规定时间内到达目的地。经检疫合格的动物在运输途中发生疫情，应按有关规定报告并处置。

第九章　罚　则

第四十八条　违反本办法第十九条、第三十一条规定，跨省、自治区、直辖市引进用于饲养的非乳用、非种用动物和水产苗种到达目的地后，未向所在地动物卫生监督机构报告的，由动物卫生监督机构处五百元以上二千元以下罚款。

第四十九条　违反本办法第二十条规定，跨省、自治区、直辖市引进的乳用、种用动物到达输入地后，未按规定进行隔离观察的，由动物卫生监督机构责令改正，处二千元以上一万元以下罚款。

第五十条　其他违反本办法规定的行为，依照《动物防疫法》有关规定予以处罚。

第十章　附　则

第五十一条　动物卫生监督证章标志格式或样式由农业部统一制定。

第五十二条　水产苗种产地检疫，由地方动物卫生监督机构委托同级渔业主管部门实施。水产苗种以外的其他水生动物及其产品不实施检疫。

第五十三条　本办法自2010年3月1日起施行。农业部2002年5月24日发布的《动物检疫管理办法》（农业部令第14号）自本办法施行之日起废止。

附录6 执业兽医管理办法

(2008年11月26日农业部令第18号公布,2013年9月28日农业部令2013年第3号、2013年12月31日农业部令2013年第5号修订)

第一章 总 则

第一条 为了规范执业兽医执业行为,提高执业兽医业务素质和职业道德水平,保障执业兽医合法权益,保护动物健康和公共卫生安全,根据《中华人民共和国动物防疫法》,制定本办法。

第二条 在中华人民共和国境内从事动物诊疗和动物保健活动的兽医人员适用本办法。

第三条 本办法所称执业兽医,包括执业兽医师和执业助理兽医师。

第四条 农业部主管全国执业兽医管理工作。

县级以上地方人民政府兽医主管部门主管本行政区域内的执业兽医管理工作。

县级以上地方人民政府设立的动物卫生监督机构负责执业兽医的监督执法工作。

第五条 县级以上人民政府兽医主管部门应当对在预防、控制和扑灭动物疫病工作中作出突出贡献的执业兽医,按照国家有关规定给予表彰和奖励。

第六条 执业兽医应当具备良好的职业道德,按照有关动物防疫、动物诊疗和兽药管理等法律、行政法规和技术规范的要求,依法执业。

执业兽医应当定期参加兽医专业知识和相关政策法规教育培训,不断提高业务素质。

第七条 执业兽医依法履行职责,其权益受法律保护。

鼓励成立兽医行业协会,实行行业自律,规范从业行为,提高服务水平。

第二章 资格考试

第八条 国家实行执业兽医资格考试制度。执业兽医资格考试由农业部组织,全国统一大纲、统一命题、统一考试。

第九条 具有兽医、畜牧兽医、中兽医(民族兽医)或者水产养殖专业大学专科以上学历的人员,可以参加执业兽医资格考试。

第十条 执业兽医资格考试内容包括兽医综合知识和临床技能两部分。

第十一条 农业部组织成立全国执业兽医资格考试委员会。考试委员会负责审定考试科目、考试大纲、考试试题,对考试工作进行监督、指导和确定合格标准。

第十二条　农业部执业兽医管理办公室承担考试委员会的日常工作,负责拟订考试科目、编写考试大纲、建立考试题库、组织考试命题,并提出考试合格标准建议等。

第十三条　执业兽医资格考试成绩符合执业兽医师标准的,取得执业兽医师资格证书;符合执业助理兽医师资格标准的,取得执业助理兽医师资格证书。

执业兽医师资格证书和执业助理兽医师资格证书由省、自治区、直辖市人民政府兽医主管部门颁发。

第三章　执业注册和备案

第十四条　取得执业兽医师资格证书,从事动物诊疗活动的,应当向注册机关申请兽医执业注册;取得执业助理兽医师资格证书,从事动物诊疗辅助活动的,应当向注册机关备案。

第十五条　申请兽医执业注册或者备案的,应当向注册机关提交下列材料:

(一)注册申请表或者备案表;

(二)执业兽医资格证书及其复印件;

(三)医疗机构出具的 6 个月内的健康体检证明;

(四)身份证明原件及其复印件;

(五)动物诊疗机构聘用证明及其复印件;申请人是动物诊疗机构法定代表人(负责人)的,提供动物诊疗许可证复印件。

第十六条　注册机关收到执业兽医师注册申请后,应当在 20 个工作日内完成对申请材料的审核。经审核合格的,发给兽医师执业证书;不合格的,书面通知申请人,并说明理由。

注册机关收到执业助理兽医师备案材料后,应当及时对备案材料进行审查,材料齐全、真实的,应当发给助理兽医师执业证书。

第十七条　兽医师执业证书和助理兽医师执业证书应当载明姓名、执业范围、受聘动物诊疗机构名称等事项。

兽医师执业证书和助理兽医师执业证书的格式由农业部规定,由省、自治区、直辖市人民政府兽医主管部门统一印制。

第十八条　有下列情形之一的,不予发放兽医师执业证书或者助理兽医师执业证书:

(一)不具有完全民事行为能力的;

(二)被吊销兽医师执业证书或者助理兽医师执业证书不满 2 年的;

(三)患有国家规定不得从事动物诊疗活动的人畜共患传染病的。

第十九条　执业兽医变更受聘的动物诊疗机构的,应当按照本办法的规定重新办理注册或者备案手续。

第二十条　县级以上地方人民政府兽医主管部门应当将注册和备案的执业兽医名单逐级汇总报农业部。

第四章　执业活动管理

第二十一条　执业兽医不得同时在两个或者两个以上动物诊疗机构执业，但动物诊疗机构间的会诊、支援、应邀出诊、急救除外。

第二十二条　执业兽医师可以从事动物疾病的预防、诊断、治疗和开具处方、填写诊断书、出具有关证明文件等活动。

第二十三条　执业助理兽医师在执业兽医师指导下协助开展兽医执业活动，但不得开具处方、填写诊断书、出具有关证明文件。

第二十四条　兽医、畜牧兽医、中兽医（民族兽医）、水产养殖专业的学生可以在执业兽医师指导下进行专业实习。

第二十五条　经注册和备案专门从事水生动物疫病诊疗的执业兽医师和执业助理兽医师，不得从事其他动物疫病诊疗。

第二十六条　执业兽医在执业活动中应当履行下列义务：

（一）遵守法律、法规、规章和有关管理规定；

（二）按照技术操作规范从事动物诊疗和动物诊疗辅助活动；

（三）遵守职业道德，履行兽医职责；

（四）爱护动物，宣传动物保健知识和动物福利。

第二十七条　执业兽医师应当使用规范的处方笺、病历册，并在处方笺、病历册上签名。未经亲自诊断、治疗，不得开具处方药、填写诊断书、出具有关证明文件。

执业兽医师不得伪造诊断结果，出具虚假证明文件。

第二十八条　执业兽医在动物诊疗活动中发现动物染疫或者疑似染疫的，应当按照国家规定立即向当地兽医主管部门、动物卫生监督机构或者动物疫病预防控制机构报告，并采取隔离等控制措施，防止动物疫情扩散。

执业兽医在动物诊疗活动中发现动物患有或者疑似患有国家规定应当扑杀的疫病时，不得擅自进行治疗。

第二十九条　执业兽医应当按照国家有关规定合理用药，不得使用假劣兽药和农业部规定禁止使用的药品及其他化合物。

执业兽医师发现可能与兽药使用有关的严重不良反应的，应当立即向所在地人民政府兽医主管部门报告。

第三十条　执业兽医应当按照当地人民政府或者兽医主管部门的要求，参加预防、控制和扑灭动物疫病活动，其所在单位不得阻碍、拒绝。

第三十一条　执业兽医应当于每年3月底前将上年度兽医执业活动情况向注册机关报告。

第五章　罚　则

第三十二条　违反本办法规定,执业兽医有下列情形之一的,由动物卫生监督机构按照《中华人民共和国动物防疫法》第八十二条第一款的规定予以处罚;情节严重的,并报原注册机关收回、注销兽医师执业证书或者助理兽医师执业证书:

(一)超出注册机关核定的执业范围从事动物诊疗活动的;

(二)变更受聘的动物诊疗机构未重新办理注册或者备案的。

第三十三条　使用伪造、变造、受让、租用、借用的兽医师执业证书或者助理兽医师执业证书的,动物卫生监督机构应当依法收缴,并按照《中华人民共和国动物防疫法》第八十二条第一款的规定予以处罚。

第三十四条　执业兽医有下列情形之一的,原注册机关应当收回、注销兽医师执业证书或者助理兽医师执业证书:

(一)死亡或者被宣告失踪的;

(二)中止兽医执业活动满2年的;

(三)被吊销兽医师执业证书或者助理兽医师执业证书的;

(四)连续2年没有将兽医执业活动情况向注册机关报告,且拒不改正的;

(五)出让、出租、出借兽医师执业证书或者助理兽医师执业证书的。

第三十五条　执业兽医师在动物诊疗活动中有下列情形之一的,由动物卫生监督机构给予警告,责令限期改正;拒不改正或者再次出现同类违法行为的,处一千元以下罚款:

(一)不使用病历,或者应当开具处方未开具处方的;

(二)使用不规范的处方笺、病历册,或者未在处方笺、病历册上签名的;

(三)未经亲自诊断、治疗,开具处方药、填写诊断书、出具有关证明文件的;

(四)伪造诊断结果,出具虚假证明文件的。

第三十六条　执业兽医在动物诊疗活动中,违法使用兽药的,依照有关法律、行政法规的规定予以处罚。

第三十七条　注册机关及动物卫生监督机构不依法履行审查和监督管理职责,玩忽职守、滥用职权或者徇私舞弊的,对直接负责的主管人员和其他直接责任人员,依照有关规定给予处分;构成犯罪的,依法追究刑事责任。

第六章　附　则

第三十八条　本办法施行前,不具有大学专科以上学历,但已取得兽医师以上专业技术职称,经县级以上地方人民政府兽医主管部门考核合格的,可以参加执业兽医资格考试。

第三十九条　本办法施行前,具有兽医、水产养殖本科以上学历,从事兽医临床教学或者动物诊疗活动,并取得高级兽医师、水产养殖高级工程师以上专业技术职称或者具有同等专业技术职称,经省、自治区、直辖市人民政府兽医主管部门考核合格,报农业部审核批准后颁发执业兽医师资格证书。

第四十条　动物饲养场(养殖小区)、实验动物饲育单位、兽药生产企业、动物园等单位聘用的取得执业兽医师资格证书和执业助理兽医师资格证书的兽医人员,可以凭聘用合同申请兽医执业注册或者备案,但不得对外开展兽医执业活动。

第四十一条　省级人民政府兽医主管部门根据本地区实际,可以决定取得执业助理兽医师资格证书的兽医人员,依照本办法第三章规定的程序注册后,在一定期限内可以开具兽医处方笺。

前款期限由省级人民政府兽医主管部门确定,但不得超过 2017 年 12 月 31 日。

经注册的执业助理兽医师,注册机关应当在其执业证书上载明"依法注册"字样和期限,并按执业兽医师进行执业活动管理。

第四十二条　乡村兽医的具体管理办法由农业部另行规定。

第四十三条　外国人和香港、澳门、台湾居民申请执业兽医资格考试、注册和备案的具体办法另行制定。

第四十四条　本办法所称注册机关,是指县(市辖区)级人民政府兽医主管部门;市辖区未设立兽医主管部门的,注册机关为上一级兽医主管部门。

第四十五条　本办法自 2009 年 1 月 1 日起施行。

附录7 动物诊疗机构管理办法

(2008年11月26日农业部令第19号公布,农业部令2016年第3号修订)

第一章 总 则

第一条 为了加强动物诊疗机构管理,规范动物诊疗行为,保障公共卫生安全,根据《中华人民共和国动物防疫法》,制定本办法。

第二条 在中华人民共和国境内从事动物诊疗活动的机构,应当遵守本办法。

本办法所称动物诊疗,是指动物疾病的预防、诊断、治疗和动物绝育手术等经营性活动。

第三条 农业部负责全国动物诊疗机构的监督管理。

县级以上地方人民政府兽医主管部门负责本行政区域内动物诊疗机构的管理。

县级以上地方人民政府设立的动物卫生监督机构负责本行政区域内动物诊疗机构的监督执法工作。

第二章 诊疗许可

第四条 国家实行动物诊疗许可制度。从事动物诊疗活动的机构,应当取得动物诊疗许可证,并在规定的诊疗活动范围内开展动物诊疗活动。

第五条 申请设立动物诊疗机构的,应当具备下列条件:

(一)有固定的动物诊疗场所,且动物诊疗场所使用面积符合省、自治区、直辖市人民政府兽医主管部门的规定;

(二)动物诊疗场所选址距离畜禽养殖场、屠宰加工厂、动物交易场所不少于200米;

(三)动物诊疗场所设有独立的出入口,出入口不得设在居民住宅楼内或者院内,不得与同一建筑物的其他用户共用通道;

(四)具有布局合理的诊疗室、手术室、药房等设施;

(五)具有诊断、手术、消毒、冷藏、常规化验、污水处理等器械设备;

(六)具有1名以上取得执业兽医师资格证书的人员;

(七)具有完善的诊疗服务、疫情报告、卫生消毒、兽药处方、药物和无害化处理等管理制度。

第六条 动物诊疗机构从事动物颅腔、胸腔和腹腔手术的,除具备本办法第五条规定的条件外,还应当具备以下条件:

(一)具有手术台、X光机或者B超等器械设备;

(二)具有3名以上取得执业兽医师资格证书的人员。

第七条 设立动物诊疗机构,应当向动物诊疗场所所在地的发证机关提出申

请,并提交下列材料:

　　(一)动物诊疗许可证申请表;

　　(二)动物诊疗场所地理方位图、室内平面图和各功能区布局图;

　　(三)动物诊疗场所使用权证明;

　　(四)法定代表人(负责人)身份证明;

　　(五)执业兽医师资格证书原件及复印件;

　　(六)设施设备清单;

　　(七)管理制度文本;

　　(八)执业兽医和服务人员的健康证明材料。

　　申请材料不齐全或者不符合规定条件的,发证机关应当自收到申请材料之日起5个工作日内一次告知申请人需补正的内容。

　　第八条　动物诊疗机构应当使用规范的名称。不具备从事动物颅腔、胸腔和腹腔手术能力的,不得使用"动物医院"的名称。

　　动物诊疗机构名称应当经工商行政管理机关预先核准。

　　第九条　发证机关受理申请后,应当在20个工作日内完成对申请材料的审核和对动物诊疗场所的实地考查。符合规定条件的,发证机关应当向申请人颁发动物诊疗许可证;不符合条件的,书面通知申请人,并说明理由。

　　专门从事水生动物疫病诊疗的,发证机关在核发动物诊疗许可证时,应当征求同级渔业行政主管部门的意见。

　　第十条　动物诊疗许可证应当载明诊疗机构名称、诊疗活动范围、从业地点和法定代表人(负责人)等事项。

　　动物诊疗许可证格式由农业部统一规定。

　　第十一条　动物诊疗机构设立分支机构的,应当按照本办法的规定另行办理动物诊疗许可证。

　　第十二条　动物诊疗机构变更名称或者法定代表人(负责人)的,应当在办理工商变更登记手续后15个工作日内,向原发证机关申请办理变更手续。

　　动物诊疗机构变更从业地点、诊疗活动范围的,应当按照本办法规定重新办理动物诊疗许可手续,申请换发动物诊疗许可证。

　　第十三条　动物诊疗许可证不得伪造、变造、转让、出租、出借。

　　动物诊疗许可证遗失的,应当及时向原发证机关申请补发。

　　第十四条　发证机关办理动物诊疗许可证,不得向申请人收取费用。

第三章　诊疗活动管理

　　第十五条　动物诊疗机构应当依法从事动物诊疗活动,建立健全内部管理制度,在诊疗场所的显著位置悬挂动物诊疗许可证和公示从业人员基本情况。

第十六条　动物诊疗机构应当按照国家兽药管理的规定使用兽药,不得使用假劣兽药和农业部规定禁止使用的药品及其他化合物。

第十七条　动物诊疗机构兼营宠物用品、宠物食品、宠物美容等项目的,兼营区域与动物诊疗区域应当分别独立设置。

第十八条　动物诊疗机构应当使用规范的病历、处方笺,病历、处方笺应当印有动物诊疗机构名称。病历档案应当保存3年以上。

第十九条　动物诊疗机构安装、使用具有放射性的诊疗设备的,应当依法经环境保护部门批准。

第二十条　动物诊疗机构发现动物染疫或者疑似染疫的,应当按照国家规定立即向当地兽医主管部门、动物卫生监督机构或者动物疫病预防控制机构报告,并采取隔离等控制措施,防止动物疫情扩散。

动物诊疗机构发现动物患有或者疑似患有国家规定应当扑杀的疫病时,不得擅自进行治疗。

第二十一条　动物诊疗机构应当按照农业部规定处理病死动物和动物病理组织。

动物诊疗机构应当参照《医疗废弃物管理条例》的有关规定处理医疗废弃物。

第二十二条　动物诊疗机构的执业兽医应当按照当地人民政府或者兽医主管部门的要求,参加预防、控制和扑灭动物疫病活动。

第二十三条　动物诊疗机构应当配合兽医主管部门、动物卫生监督机构、动物疫病预防控制机构进行有关法律法规宣传、流行病学调查和监测工作。

第二十四条　动物诊疗机构不得随意抛弃病死动物、动物病理组织和医疗废弃物,不得排放未经无害化处理或者处理不达标的诊疗废水。

第二十五条　动物诊疗机构应当定期对本单位工作人员进行专业知识和相关政策、法规培训。

第二十六条　动物诊疗机构应当于每年3月底前将上年度动物诊疗活动情况向发证机关报告。

第二十七条　动物卫生监督机构应当建立健全日常监管制度,对辖区内动物诊疗机构和人员执行法律、法规、规章的情况进行监督检查。

兽医主管部门应当设立动物诊疗违法行为举报电话,并向社会公示。

第四章　罚　则

第二十八条　违反本办法规定,动物诊疗机构有下列情形之一的,由动物卫生监督机构按照《中华人民共和国动物防疫法》第八十一条第一款的规定予以处罚;情节严重的,并报原发证机关收回、注销其动物诊疗许可证:

(一)超出动物诊疗许可证核定的诊疗活动范围从事动物诊疗活动的;

(二)变更从业地点、诊疗活动范围未重新办理动物诊疗许可证的。

第二十九条 使用伪造、变造、受让、租用、借用的动物诊疗许可证的,动物卫生监督机构应当依法收缴,并按照《中华人民共和国动物防疫法》第八十一条第一款的规定予以处罚。

出让、出租、出借动物诊疗许可证的,原发证机关应当收回、注销其动物诊疗许可证。

第三十条 动物诊疗场所不再具备本办法第五条、第六条规定条件的,由动物卫生监督机构给予警告,责令限期改正;逾期仍达不到规定条件的,由原发证机关收回、注销其动物诊疗许可证。

第三十一条 动物诊疗机构连续停业两年以上的,或者连续两年未向发证机关报告动物诊疗活动情况,拒不改正的,由原发证机关收回、注销其动物诊疗许可证。

第三十二条 违反本办法规定,动物诊疗机构有下列情形之一的,由动物卫生监督机构给予警告,责令限期改正;拒不改正或者再次出现同类违法行为的,处以一千元以下罚款。

(一)变更机构名称或者法定代表人未办理变更手续的;

(二)未在诊疗场所悬挂动物诊疗许可证或者公示从业人员基本情况的;

(三)不使用病历,或者应当开具处方未开具处方的;

(四)使用不规范的病历、处方笺的。

第三十三条 动物诊疗机构在动物诊疗活动中,违法使用兽药的,或者违法处理医疗废弃物的,依照有关法律、行政法规的规定予以处罚。

第三十四条 动物诊疗机构违反本办法第二十五条规定的,由动物卫生监督机构按照《中华人民共和国动物防疫法》第七十五条的规定予以处罚。

第三十五条 发证机关及其动物卫生监督机构不依法履行审查和监督管理职责,玩忽职守、滥用职权或者徇私舞弊的,依照有关规定给予处分;构成犯罪的,依法追究刑事责任。

第五章 附 则

第三十六条 乡村兽医在乡村从事动物诊疗活动的具体管理办法由农业部另行规定。

第三十七条 本办法所称发证机关,是指县(市辖区)级人民政府兽医主管部门;市辖区未设立兽医主管部门的,发证机关为上一级兽医主管部门。

第三十八条 本办法自 2009 年 1 月 1 日起施行。

本办法施行前已开办的动物诊疗机构,应当自本办法施行之日起 12 个月内,依照本办法的规定,办理动物诊疗许可证。

参考文献

[1]王俊东,刘宗平主编.兽医临床诊断学[M].北京:中国农业出版社,2004.

[2]东北农业大学主编.兽医临床诊断学(第3版)[M].北京:中国农业出版社,2001.

[3]东北农学院主编.兽医临床诊断学(第2版)[M].中国农业出版社,1999.

[4]谢庭树等编.兽医放射学.中国人民解放军兽医大学,1984.

[5]耿永鑫主编.兽医临床诊断学[M].北京:中国农业出版社,1993.

[6]杨维泰等主编.家畜解剖学[M].北京:中国科学技术出版社,1997.

[7]王贵等主编.畜禽普通病学[M].北京:中国农业科学技术出版社,1997.

[8]内蒙古农牧学院等主编.家畜病理学(第2版上下)[M].北京:中国农业出版社,1995.

[9]孔繁瑶主编.家畜寄生虫学[M].北京:中国农业大学出版社,1997.

[10]蔡宝祥主编.家畜传染病学(第4版)[M].北京:中国农业出版社,2002.

[11]于船审定.元享疗马集许序注释[M].济南:山东科学技术出版社,1983.

[12]中国畜牧兽医辞典编纂委员会.中国畜牧兽医辞典[M].上海:上海科学技术出版社,1996.

[13]范国雄编著.动物疾病诊断图谱[M].北京:中国农业大学出版社,1999.

[14]刘宗平主编.现代动物营养代谢病学[M].北京:化学工业出版社,2003.

[15]李毓义,张乃生著.动物群体病症状鉴别诊断学[M].北京:中国农业出版社,2003.

[16][日]石田卓夫主编.任晓明译.动物医院基本临床技术[M].北京:中国农业科学技术出版社,2014.

[17]范开,董军主编.宠物临床实验室检验方法及基本图谱[M].北京:化学工业出版社,2006.

[18][美]Paula Pattengale主编.夏兆飞译.动物医院工作流程手册[M].北京:中国农业大学出版社,2009.

[19]韦海涛,刘天增,林德贵主编.宠物医师助理教材[M].北京:中国农业科学技术出版社,2014.

[20]唐非,黄升海主编.细菌学检验[M].北京:人民卫生出版社,2015.

[21]刘运德,楼永良主编.临床微生物学检验技术[M].北京:人民卫生出版社,2015.

［22］崔艳丽主编. 微生物检验技术［M］. 北京：人民卫生出版社，2016.

［23］贾林军，许建国主编. 动物药理学［M］. 北京：中国轻工业出版社，2017.

［24］王国栋主编. 兽医药理学［M］. 北京：中国农业科学技术出版社，2017.